新能源类专业教学资源库建设配套教材

晶体硅太阳电池生产工艺

段春艳　班　群　冯　源　主编

陶龙忠　林　涛　李明华　副主编

戴裕崴　主审

化学工业出版社

·北京·

本教材从光伏产业链入手，介绍了晶硅太阳电池的工作原理与电池结构。按生产流程，重点讲解了晶硅太阳电池的清洗制绒、扩散制结、后清洗刻蚀生产、减反射膜的制备、丝网印刷电极、太阳电池检测、测试分选与包装入库等整个工艺操作和规范。

　　本教材可供光伏发电技术与应用专业、光伏工程技术专业以及和光伏技术相关专业相关的学生学习，也可供光伏相关企业技术人员和技术工人参考。

图书在版编目（CIP）数据

晶体硅太阳电池生产工艺/段春艳，班群，冯源主编.
北京：化学工业出版社，2018.1（2025.6重印）
　ISBN 978-7-122-31166-5

Ⅰ.①晶…　Ⅱ.①段…②班…③冯…　Ⅲ.①硅太阳能
电池-生产工艺　Ⅳ.①TM914.405

中国版本图书馆 CIP 数据核字（2017）第 305380 号

责任编辑：刘　哲　　　　　　　　　　　　　装帧设计：韩　飞
责任校对：边　涛

出版发行：化学工业出版社（北京市东城区青年湖南街 13 号　邮政编码 100011）
印　　装：北京建宏印刷有限公司
787mm×1092mm　1/16　印张 13　字数 323 千字　2025 年 6 月北京第 1 版第 5 次印刷

购书咨询：010-64518888　　　　　　　售后服务：010-64518899
网　　址：http://www.cip.com.cn
凡购买本书，如有缺损质量问题，本社销售中心负责调换。

定　　价：35.00 元　　　　　　　　　　　　　　版权所有　违者必究

新能源类专业教学资源库建设配套教材

建设委员会成员名单

主 任 委 员：天津轻工职业技术学院

副主任委员：佛山职业技术学院

酒泉职业技术学院

委　　　员（按照汉语拼音排列）

包头职业技术学院

常州轻工职业技术学院

佛山职业技术学院

哈尔滨职业技术学院

湖南电气职业技术学院

酒泉职业技术学院

兰州职业技术学院

乐山职业技术学院

秦皇岛职业技术学院

衢州职业技术学院

天津轻工职业技术学院

新能源类专业教学资源库建设配套教材

编审委员会成员名单

主 任 委 员：戴裕崴

副主任委员：李柏青　薛仰全　李云梅

主 审 人 员：刘　靖　唐建生　冯黎成

委　　　　员（按照姓名汉语拼音排列）

陈文明	陈晓林	戴裕崴
段春艳	方占萍	冯黎成
冯　源	韩俊峰	胡昌吉
黄冬梅	李柏青	李良君
李云梅	廖东进	林　涛
刘　靖	刘秀琼	皮琳琳
唐建生	王春媚	王冬云
王技德	薛仰全	张　东
张　杰	张振伟	赵元元

随着传统能源日益紧缺，新能源的开发与利用得到世界各国的广泛关注，越来越多的国家采取鼓励新能源发展的政策和措施，新能源的生产规模和使用范围正在不断扩大。《京都议定书》签署后，新的温室气体减排机制将进一步促进绿色经济以及可持续发展模式的全面进行，新能源将迎来一个发展的黄金年代。

当前，随着中国的能源与环境问题日趋严重，新能源开发利用受到越来越高的关注。新能源一方面可以作为传统能源的补充，另一方面可以有效降低环境污染。我国新能源开发利用虽然起步较晚，但近年来也以年均超过 25% 的速度增长。自《可再生能源法》正式生效后，政府陆续出台一系列与之配套的行政法规和规章来推动新能源的发展，中国新能源行业进入发展的快车道。

中国在新能源和可再生能源的开发利用方面已经取得显著进展，技术水平已有很大提高，产业化已初具规模。

新能源作为国家加快培育和发展的战略性新兴产业之一，国家已经出台和即将出台的一系列政策措施，将为新能源发展注入动力。随着投资光伏、风电产业的资金、企业不断增多，市场机制不断完善，"十三五"期间光伏、风电企业将加速整合，我国新能源产业发展前景乐观。

2015 年根据教育部教职成函【2015】10 号文件《关于确定职业教育专业教学资源库2015 年度立项建设项目的通知》，天津轻工职业技术学院联合佛山职业技术学院和酒泉职业技术学院以及分布在全国的 10 大地区、20 个省市的 30 个职业院校，建设国家级新能源类专业教学资源库，得到了 24 个行业龙头、知名企业的支持，建设了 18 门专业核心课程的教育教学资源。

新能源类专业教育教学资源库开发的 18 门课程，是新能源类专业教学中应用比较广、涵盖专业知识面比较宽的课程。18 本配套教材是资源库海量颗粒化资源应用的一个方面，教材利用资源库平台，采用手机 APP 二维码调用资源库中的视频、微课等内容，充分满足学生、教师、企业人员、社会学习者时时、处处学习的需求，大量的资源库教育教学资源可以通过教材的信息化技术应用到全国新能源相关院校的教学过程，为我国职业教育教学改革做出贡献。

戴裕崴

2017 年 6 月 5 日

前 言

晶体硅太阳电池生产工艺
JINGTIGUI TAIYANG DIANCHI SHENGCHAN GONGYI

随着煤炭、石油等不可再生能源可开采量的减少，关系国计民生的能源短缺问题日益突出，而且传统能源所带来的环境污染问题也急需解决，发展清洁可再生能源是中国走可持续发展之路的必然选择。太阳能作为人类取之不尽的清洁能源，势必将在未来中国经济发展中起到举足轻重的作用。据专家预测，到2050年，我国太阳能发电将在整个能源结构中占到20%～50%的比例。由于光伏产业的快速发展，训练有素的光伏产业技术工人和从事光伏发电系统技术设计、施工的专业技术人才大量短缺。职业教育与行业发展紧密相关，对于大规模培养造就高级技术技能型人才，贯彻人才强国战略，提升自主创新能力和产业竞争力，促进产业转型升级以及促进就业，都具有重要意义。

本教材是与光伏工程技术专业、光伏发电技术以及光伏技术相关专业相结合的新能源类教材，在市场上类似的教材种类较少。本教材对高职高专光伏相关专业学生的学习有较大的帮助，更适合这个层次学生知识和技能的学习，不会出现过于简单偏操作和难于理解偏理论的现象，具有较强的教学实施性。

本教材采用模块结构体系组织编写，按照知识内容和生产流程将内容划分为晶体硅太阳电池工艺基础、硅片清洗制绒、扩散制结、硅片后清洗刻蚀生产、硅片减反射膜的制备、丝网印刷电极制备、烧结工艺、晶硅太阳电池检测与包装、高效晶硅太阳电池9个模块，每个模块给出了知识目标和技能目标，让学生系统而全面地学习知识和技能，使学生在学习岗位技能的同时，根据实际情况选学知识，提高理论知识水平（结合了高职学生的特点）和技术改革能力，为培养具有一定工艺技术改进和创新能力的高端技术技能型人才奠定基础。

书中工艺部分配有二维码，供学习者进行扫码学习，配套电子课件可以由www.cipedu.com.cn免费下载使用。

本教材由段春艳、班群、冯源主编，陶龙忠、林涛、李明华为副主编，戴裕崴主审，参加编写的人员还有陈达明和曾飞。本书在编写过程中得到了广东爱康太阳能科技有限公司、东莞南玻太阳能科技有限公司等单位的大力支持与帮助，在此表示衷心的感谢！

由于编者水平有限，书中不足之处在所难免，恳请读者批评指正，提出宝贵意见，以便我们在重印和修订中及时改正。

编者

目 录

晶体硅太阳电池生产工艺
JINGTIGUI TAIYANG DIANCHI SHENGCHAN GONGYI

模块 1

晶体硅太阳电池工艺基础

知识目标

① 了解光伏产业链的组成部分。

② 了解太阳电池产业现状。

③ 了解晶体硅太阳电池技术现状。

④ 了解光传导现象与光电效应。

⑤ 掌握太阳电池的发电原理。

⑥ 了解太阳电池的种类和结构。

⑦ 了解晶体硅太阳电池的主要工艺。

技能目标

① 会查阅文献，撰写晶体硅太阳电池技术现状报告。

② 能够判别不同类型的太阳电池。

③ 能够利用 PCID 等软件进行典型太阳电池的结构性能模拟。

④ 能够从电池的外观区分单晶硅太阳电池与多晶硅太阳电池。

⑤ 能够根据相关标准对硅片进行外观检验，以及厚度、TTV、导电类型、电阻率检验。

1.1 晶体硅太阳电池技术现状

1.1.1 光伏产业链

太阳能光伏产业链主要包含主原料链、辅料链、装备链和产业服务链。

（1）主原料链

主原料链指的是从太阳电池原材料生产、电池片生产、光伏组件生产到光伏系统应用，整个太阳能发电系统从生产到应用如图 1-1 所示。

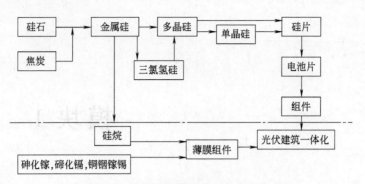

图 1-1　太阳能光伏产业的主原料链

根据太阳电池的工艺环节、种类和特点的不同，可以把主原料链分解为三个部分：晶体硅太阳电池相关光伏产业链环节；薄膜硅太阳电池相关光伏产业链环节；化合物薄膜太阳电池相关光伏产业链环节。

① 晶体硅太阳电池相关产业链环节　晶体硅光伏产业链包括硅料（硅锭/硅棒）、硅片、太阳电池、光伏组件、系统及应用5个环节。上游为硅料、硅片环节；中游为电池、组件环节；下游为系统应用环节。图1-2给出了晶体硅太阳电池从原材料生产到最终应用发电涉及的主要产业链环节。

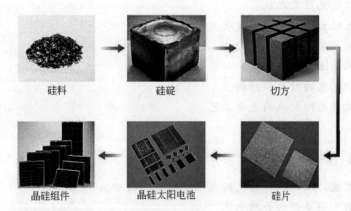

图 1-2　晶体硅太阳电池相关产业链环节

硅料的生产主要为将硅矿石提纯处理成高纯硅料，硅料进一步提纯为多晶硅和单晶硅，到制成硅片的过程。

对于从金属硅到多晶硅的提纯，分为两个主流路线：一个是化学法，也就是目前主要应用的西门子法，它是将金属硅先转变为三氯氢硅，然后再进行分馏和精馏提纯，得到高纯度的三氯氢硅后再还原而成多晶硅；另外一个方法是物理法，目前统称为冶金法，它直接对金属硅通过一些手段分离杂质，因为硅在整个提纯过程中未发生化学反应而得名。化学法的纯度较高，但能耗和成本也较高，污染处理成本较大。冶金法电耗低，成本低，但目前的纯度比西门子法略低一些。

多晶硅料可以铸造成多晶硅锭，然后通过线切割制备成多晶硅片，进而制作成多晶硅太阳电池，即为多晶硅太阳电池的技术路线。将多晶硅粒通过拉晶处理制备成单晶硅棒，再切割成单晶硅片，制作成单晶硅太阳电池，即为单晶硅太阳电池的技术路线。

晶体硅太阳电池片制得后，需要进行组件封装。组件封装过程需要白玻璃、EVA、背板等许多原材料。组件封装之后，就可以和其他部件如逆变器、蓄电池等组成光伏发电系统。组件后的电站还包括很多东西，例如支架、汇流盒、电缆、逆变、追日系统等，这些属于装备类。

② 薄膜硅太阳电池相关产业链环节　薄膜硅的源头也是采用金属硅，先制成硅烷（气体），然后通过气相沉积技术在薄膜衬底上形成非晶硅薄膜，之后制作 p-n 结，形成薄膜电池。薄膜电池由于直接沉积在玻璃或不锈钢衬底上，单面封装制成薄膜组件，电池与组件的生产环节为一个整体。薄膜组件可以用在光伏电站和光伏建筑一体化方面。

③ 化合物薄膜太阳电池相关光伏产业链环节　除了硅薄膜太阳电池以外，还有碲化镉、砷化镓和铜铟镓硒等薄膜太阳电池，封装制成化合物薄膜太阳电池组件，用于光伏电站和光伏建筑一体化方面。

（2）辅料链

光伏产业的辅料链在光伏产业中所占的比重非常大，涉及的辅料数量和品种较多。以晶体硅太阳电池的辅料为例。以硅片为界，分成硅片前和硅片后两个部分说明。

① 硅片前辅料　主要是提纯和生产多晶硅、单晶硅所用的辅料，包括：氯产品，如盐酸、氯气、三氯氢硅等，氢气以及氢氯化所用的气体，多晶硅铸锭用的氮化硅粉，惰性气体，以及其他反应气体；在多晶硅铸锭时用到的石英坩埚，铸锭炉和单晶炉内用的石英坩埚（又分为石英陶瓷坩埚和石英玻璃坩埚），隔热用的碳毡（分为硬毡和软毡），以及工作时需要消耗的温度传感器件。此外，在多晶硅铸锭和单晶硅拉制时，还需要用到保护气体和反应气体。

② 硅片后辅料　在硅片切割过程中，要用到切割线（包括钢线、钼线、金刚砂线）、切削液、金刚砂微粉（或称碳化硅微粉）。在硅片切割后清洗时，要用到各类的碱、酸和纯净水。

硅片切割后，进入电池片生产阶段，此时除了前期对于硅片的清洗制绒需要各类酸碱和纯水辅料外，扩散还需要用到三氯氧磷气体，PECVD（等离子体化学气相沉积）要用到硅烷气体，电极加工要用到银浆和铝浆，这些辅材的消耗量甚至不亚于主原料硅的价值。

在组件加工方面，要用到白玻璃、EVA 薄膜（近期也产生了用有机硅薄膜的新产品）、铝合金框（最近开始使用工程塑料代替），还有各种黏结剂。

在电站建设方面，则主要是电缆和支架材料。支架材料目前以钢结构为主，也有采用铝合金和工程塑料代替的。

（3）装备链

如果从产值上看，光伏产业价值最大、最先启动的市场，其实不是光伏电池和组件，而是装备市场。依然以硅片为分界线，将晶体硅太阳电池的装备链分两部分分析。

① 硅片前装备　金属硅的冶炼需要矿热炉，还有除尘设备。此外，变压器和破碎及硅石清洗设备也是免不了的。

金属硅炼出来后，如果后面采用冶金法生产多晶硅，需要用精炼炉进行炉外精炼。通常采用中频感应炉比较多，一台 10000kV·A 的矿热炉，可能要配 10～20 个 5t 标准铁容的中频感应炉。还有粉末冶金设备、湿法冶金装置、真空熔炼装置是少不了的。

如果采用西门子法，需要精馏塔、还原炉、氢化装置、氯化装置，这样一套装置造价不菲。随着国内西门子法多晶硅厂的增加，相关设备国产化的程度也越来越高，现在，无论是精馏塔、还原炉，还是氢化装置（包括热氢化和冷氢化）和氯化装置，都已经有国产化产品。

多晶硅技术出现后，多晶硅的铸锭炉、单晶炉需求量更大，接着是破锭机、铸方设备、倒角抛光设备、硅片多线切割机、硅片清洗设备等。

② 硅片后设备　电池生产的清洗制绒设备、扩散炉、PECVD、丝印机、烧结炉，有了这些，才能生产出太阳电池。层压机是生产组件的主要设备。另外，玻璃的生产、EVA薄膜的生产也同样需要大量的设备。

组件出来后，要安装在支架上。如果是地面电站，还要加上追日（跟踪）系统，这些也属于光伏发电装备。

组件出来的直流电要经过逆变器、控制器才能变成交流电。如果要并网，还要有同期装置，对电网进行相位和频率跟踪才能并网。

如果不是并网电站，而是用户端或离网型，那么还要考虑储能系统，包括蓄电池和充放电控制系统。鉴于目前的铅酸电池在容量上和环保方面还有不少问题，因此，研究开发大容量、长寿命、高效率的储能装置，不仅是当务之急，而且也是一个潜力非常巨大的市场。

(4) 产业服务链

产业服务链主要包括光伏测试仪器设备、光伏技术研发、光伏教育培训与物流服务。

① 光伏测试仪器设备　光伏产业的服务链中，一个重要的环节是测试服务。测试服务贯穿于所有的主生产环节，也是前期研究和开发的重要技术保证。测试服务的水平，主要取决于测试分析设备。

对于硅材料的生产来说，测试仪器包括常规化验分析仪器，这对硅材料，尤其是多晶硅的生产是非常重要的。对于高纯度的硅材料，成分分析仪器有ICP-AES（等离子体原子光谱仪）、ICP-MS（等离子体质谱仪）、GDMS（辉光放电质谱仪）、二次离子质谱（SIMS），均用来进行生产过程中的硅材料的杂质成分测试。此外，还有傅立叶红外分光光度计，用来测试碳氧的含量。

而对于硅材料的研究方面来说，还有RBS（卢瑟福离子背散）测试、电子束显微技术（SEM扫描电镜、TEM透射电镜技术）、EBIC（电子束诱导电流技术）、SPM（扫描探针显微学）、DLTS（深能级瞬态谱技术）等，都是光伏材料研究不可缺少的设备。

对于电池和硅片的生产，则主要有电阻率扫描测试仪、少子寿命扫描（微波光电导、激光电导、波导法等）、粒度测试仪、硅锭硅片探伤仪、单片光电转换效率测试仪、漏电流测试仪、组件转换效率测试仪和光度计等。

长期以来，测试设备除了常规的化验分析设备外，绝大多数仪器还需要依赖进口。近年来，在电阻率测试、光电转换效率测试等方面，已经有了一定的进展，但取得国际权威机构认证和互认的还较少。

② 光伏技术研发　由于光伏产业目前还是一个朝阳产业，无论从基础理论研究、材料研究还是器件研究、器件制造工艺，以及应用研究，都还处于一个产业成长期的初级阶段，无论从企业还是从政府，对于研发进行足够的投入，都是意义十分巨大的。

例如，光伏电池光致衰减的机理、温升衰减的机理和遏制措施，如何廉价地大规模生产光伏电池和组件？为什么光伏电池的原材料的成本和数量较低，但最终成本却很高？这些都是涉及基础材料研究和制造技术的深层次的课题，需要进行大量的研发工作。一旦这些研究取得突破，光伏发电的成本就有可能在目前的基础上再下降一个数量级。

③ 光伏教育培训　光伏产业由于是一个新兴产业，因此，没有现成的人力资源，需要从半导体、冶金和制造业获得人才。但无论如何，各种等级的培训是不可缺少的。

从基层说起，技术工人的培训上岗，是目前各个企业最急需的服务。良好的培训可以大大降低企业的成本，不仅是人力资源成本，更多的是生产成本和浪费的减少。

对于中高层的技术人员，则需要进行光伏专业的本科和研究生教育。

随着光伏产业的发展，光伏产业大军将迅速扩大，职业教育和培训也是一个不小的产业。

④ 物流服务　任何一个产业都会涉及到物流，但是光伏产业对物流的需求却往往被人低估。以多晶硅的生产为例，1 万吨多晶硅，每年就需要进出大约 3 万吨的货物。而对于组件来说，仅仅一个 100MW 的光伏电站，就需要 1000 个集装箱车辆进行运输成品，而原料则更多。电站的安装，支架的运输量要比电池组件大 5 倍左右，也就是需要 5000 个大型货车进行运输。

如果按照新能源 15％的目标，每年光伏发电装机量将达到 1000GW，那么，将需要 50 万辆货车来运送光伏组件和支架，这还没有包括前段的中间产品。因此，光伏产业对于物流的需求，将接近钢铁和煤炭对于运输的需求。

1.1.2　晶体硅太阳电池产业现状

太阳电池行业目前主要市场化的电池有晶体硅太阳电池、非晶硅薄膜太阳电池、碲化镉（CdTe）薄膜太阳电池以及铜铟镓硒（CIGS）太阳电池等。

经过多年发展，相比薄膜太阳电池，晶体硅太阳电池生产的产业链各环节都已形成成熟工艺，且具备转换效率高、技术成熟、性能稳定、成本低等优势，广泛应用于下游的光伏发电领域。目前，国际太阳电池市场以晶体硅太阳电池为主流，晶体硅太阳电池约占太阳电池市场份额的 90％。

薄膜太阳电池的增长速度快于晶体硅太阳电池，一方面是由于其增长基数非常小，另一方面，晶体硅太阳电池原料成本的快速增长，一定程度上制约了晶体硅太阳电池的增长速度。随着晶体硅太阳电池的上游原料——多晶硅的行业垄断格局被打破，晶体硅太阳电池的系统成本大幅下降，市场上的并网光伏发电项目几乎全部采用稳定性好、转换效率较高的晶体硅太阳电池。因此，从中长期来看，晶体硅太阳电池的市场主流地位不会改变。

1.2　晶体硅太阳电池原理与性能

1.2.1　太阳电池的发电原理

（1）光传导现象

当光照射在半导体上时，电子被激励。由于带间激励，价电子带的电子被激发至导带而产生自由载流子，从而导致电气传导率增加的现象，称为光传导现象。

图 1-3 为用能带图表示的带间激励引起的光传导现象的示意图。光子能量 $h\omega$ 大于禁带宽度能量 E_g 时，由于带间迁移作用，价带中的电子被激励，产生电子空穴对，使电气传导率增加。

（2）光生伏特效应

当不均匀半导体或半导体与金属组合的不同部位因接触产生势垒（或 p-n 结的内建电场）时，在光照条件下，半导体内部

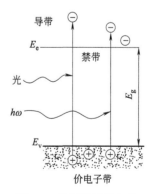

图 1-3　带间激励引起的
光传导现象

产生的光生载流子在注入到势垒（或内建电场）附近时，会因为电场对电荷分离作用而导致半导体两侧产生电位差，即为光生伏特效应（Photo-Voltaic Effect），参阅图1-4。

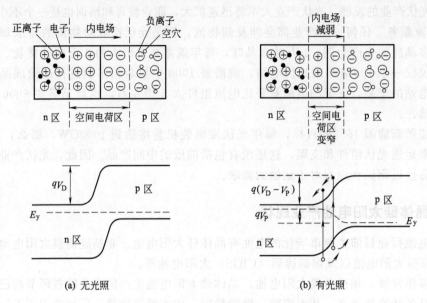

(a) 无光照　　　　　　　　　　　　　(b) 有光照

图1-4　p-n结光照前后的能带示意图

⊕代表失去一个电子而带正电施主离子；○代表空穴；
⊖代表得到一个电子而带负电受主离子；●代表电子

（3）太阳电池的发电原理

太阳电池发展至今，因材料与结构的不同，呈现多元化的发展态势。目前市场上的主流商业化太阳电池，一般都是由导电类型为P型与N型的半导体组合而成的p-n结型太阳电池。这种电池主要由P型半导体、N型半导体、电极、减反射膜等结构构成。其典型结构如图1-5所示。

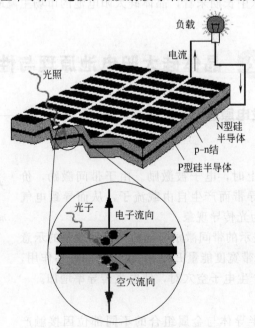

图1-5　太阳电池的工作原理

对于这种经典太阳电池而言，根据光生伏特效应，当光在一定条件作用于该电池时，会在半导体内部形成电子空穴对，即所谓的光生载流子。当电子空穴对接近 p-n 结区时，会被结区中的空间电荷区所产生之内建电场分离为定向移动的电子和空穴。其中，空穴移动方向为 n 区到 p 区，电子移动方向为 p 区到 n 区，进而在电池的两侧实现电荷积累，产成光生电动势。如果在电池的引出电极上接入负载，则可向负载输出电流来进行供电。这就是 p-n 结型常规太阳电池的发电原理。

1.2.2 太阳电池的种类与结构

（1）太阳电池的种类

晶硅电池是第 I 代太阳电池的典型代表，它是以晶体硅材料、硅片等为基础制备得到的，主要包括单晶硅和多晶硅电池两种类型。前者以单晶硅材料来制备，后者则是以多晶硅材料为基础。由于多晶硅太阳电池材料本身存在固有的晶界和杂质问题，相同尺寸的电池技术下，其光电转换效率通常比单晶硅电池低一些。截止到 2016 年底，常规晶硅太阳电池产业化平均效率水平：单晶约为 19%～21%，多晶约为 18%～19%。

太阳电池的种类见图 1-6，主要特征见表 1-1。

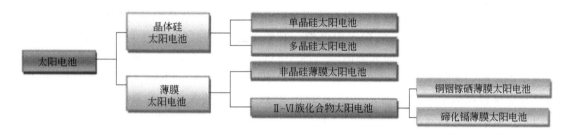

图 1-6　太阳电池的种类

表 1-1　各类太阳电池的主要特征

太阳电池		转换效率	制造能耗	优点	缺点
晶体硅太阳电池	单晶硅太阳电池	16%～19%	高	转换率高；经验久、技术最成熟；性能稳定	硅消耗过多
	多晶硅太阳电池	15%～17%	中		
薄膜太阳电池	非晶硅太阳电池	5%～7%	低	利用较少硅原料、成本低；在低光源有优异表现；耐高温，非常适用 BIPV（光伏建筑一体化）	转换率较低、衰减较快；性能较不稳定
	碲化镉太阳电池	8%～11%	高	转换效率较高	镉有毒、污染严重；碲为稀有元素
	铜铟镓硒太阳电池	7%～11%	小	转换效率较高，不存在光衰减；在低光源有优异表现；比较适用于 BIPV	设备投入大；铟、硒为稀有元素；经验最短、工艺尚不成熟

（2）晶体硅太阳电池的常见结构

① 单晶硅太阳电池的结构　在硅系太阳电池中，单晶硅太阳电池的转换效率最高，技术也最为成熟。高性能单晶硅电池是建立在高质量单晶硅材料和相关的成熟加工处理工艺基础上的。现在的单晶硅电池生产工艺已近成熟。在实际的电池制作中，除常规结构外，也有采用表面织构化、发射区钝化、分区掺杂、局域化背场点接触等技术的新型电池不断涌现。常规市场化单晶硅太阳电池结构如图1-7所示。

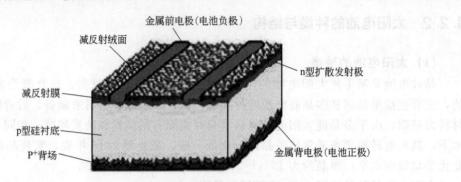

图1-7　常规市场化单晶硅太阳电池结构

目前，无聚光单结的单晶硅太阳电池实验室光电转换效率最高纪录是硅异质结高效电池HIBC（局域化掺杂背电极）结构太阳电池，其效率为26.33%，超过了PERL（发射层钝化，局域化掺杂背电极）结构太阳电池（图1-8），其效率为25.2%。而近年来在商业化的高效率单晶硅太阳电池中，IBC电池量产平均效率已趋近23%；PERC结构单晶硅电池（局域化背点接触高效单晶硅电池）更是在2016得到大规模的发展，其量产化平均效率已达21.1%，实验室最高效率在2016年12月创下了22.61%的世界纪录。

② 多晶硅太阳电池结构　多晶硅太阳电池的出现主要是为了节约成本，其优点是能直接制备出适于规模化生产的大尺寸方形硅锭，设备相比单晶硅材料要求更简单，制造过程大为简化，省电，节约硅材料，对材质要求也较低。但由于杂质和晶界的影响，效率比单晶硅衬底所制成的低。

目前，多晶硅电池的实验室效率最高记录由Fraunhofer的n-TOPCON电池于2017年创造，将多晶电池的效率提升到21.9%。这一结果超越了中国常州天合光能公司的多晶PERC团队于2015年创造的21.25%的光电转换率，其结构如图1-9所示。

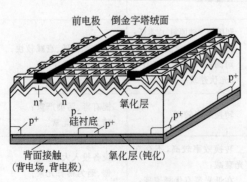

图1-8　PERL电池结构

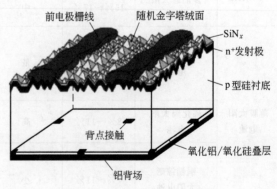

图1-9　PERC多晶硅电池结构

1.2.3　太阳电池的性能与检测项目

(1) 太阳电池的性能

① 太阳电池的单二极管等效电路模型　为了方便对太阳电池的器件性能进行模拟，理想的 p-n 结太阳电池可以通过建立二极管等效电路模型的方法来进行分析，一般常用的模型有单二极管、双二极管和三二极管模型等。其中，单二极管等效电路模型只考虑结特性，分析起来比较直观，易于操作，是一种主流的器件模拟方式的选择，下面就其结构与功能进行具体介绍。

如图 1-10 所示。光照下的 p-n 结可以看成一个理想二极管和恒流源并联。恒流源的电流即为光生电流 I_L，通过 p-n 结的结电流为 I_D。太阳电池经过光照后产生一定的光电流 I_L，其中一部分用来抵消结电流 I_D，另一部分为供给负载的电流 I。其端电压 V、结电流 I_D 以及工作电流 I 的大小都与负载 R_L 有关，但负载电阻不是唯一的决定因素。

I 的大小为：

$$I = I_L - I_D \tag{1-1}$$

根据扩散理论，二极管的结电流 I_D 可以表示为：

$$I_D = I_0 (\mathrm{e}^{\frac{qV}{AkT}} - 1) \tag{1-2}$$

式中，q 为电子的电荷，k 为波耳兹曼常数；T 为绝对温度；A 为理想因子，在 1～2 之间变动。

将式 (1-2) 代入式 (1-1)，得：

$$I = I_L - I_0 (\mathrm{e}^{\frac{qV}{AkT}} - 1) \tag{1-3}$$

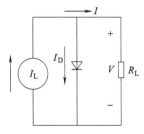

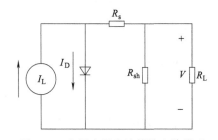

图 1-10　理想太阳电池的等效电路模型　　　　图 1-11　实际太阳电池等效电路模型

而对于实际的太阳电池，由于前电极、背电极和电池的接触，以及材料本身具有一定的电阻率，基区和顶层都不可避免地要引入附加电阻，流经负载的电流经过它们时，必然引起损耗。在等效电路中，将它们的总效用用一个串联电阻来表征，一般用 R_s 表示。由于电池边沿的漏电，以及制作金属化电极时，在电池的微裂纹、划痕等处形成的金属桥漏电等，使一部分本应通过负载的电流短路，这种作用的大小可用一个并联电阻来等效，一般用 R_{sh} 来表示。这样，实际的太阳电池的等效电路如图 1-11 所示，则负载的电流和电压大小分别为：

$$I = I_L - I_D - I_{sh} = I_L - I_0 \left(\mathrm{e}^{\frac{q(V+IR_s)}{AkT}} - 1 \right) - \frac{I(R_s + R_L)}{R_{sh}} \tag{1-4}$$

$$V = IR_L \tag{1-5}$$

② 太阳电池的负载特性曲线及其参数　当负载 R_L 从 0 变化到无穷大的时候，可以根据式 (1-4) 和式 (1-5) 画出太阳电池的负载特性曲线 (又可称为伏安特性曲线或 I-V 曲线)。曲线上的每一点称为工作点，工作点和原点的连线称为负载线，斜率为 $1/R_L$，工作点的横

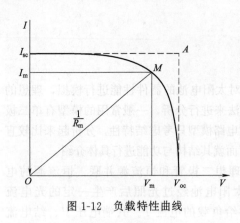

图 1-12　负载特性曲线

坐标和纵坐标即为相应的工作电压和工作电流。在曲线上存在一个点 M，也就是当负载电阻 R_L 到达某一个特定值 R_m 时，负载上的工作电流与工作电压之积最大（$P_m = I_m V_m$），也就是获得一最高的匹配功率，称这点 M 为该太阳电池的最大功率点，一般记做 MPP。其中，I_m 为最佳工作电流，V_m 为最佳工作电压，R_m 为最佳负载电阻，P_m 为最大输出功率。

根据上述推导，当负载 R_L 连续变化时，经过测量得到一系列 I-V 数据，由此可以做出图 1-12 所示的太阳电池伏安特性曲线，同时计算出一些重要的参数以表征太阳电池的性能。这些参数主要有开路电压 V_{oc}（Open Circuit Voltage）、短路电流 I_{sc}（Short Circuit Current）、最佳工作电压 V_m、最佳工作电流 I_m、最大功率点功率 P_m、填充因子 FF（Fill Factor 的缩写）和电池效率 η，它们是表征电池技术水平和档次的重要依据。下面分别介绍如何根据负载特性曲线求得这些参数。

a. 开路电压 V_{oc}、短路电流 I_{sc} 的获得　从负载特性曲线可知，测量得到的曲线与坐标横轴（V 轴）与纵轴（I 轴）的交点分别是开路电压 V_{oc} 和短路电流 I_{sc}。

b. 最佳工作电压 V_m、最佳工作电流 I_m、最大功率点功率 P_m 的计算　一般情况下，直接求 P_m 并不方便，因此一般用计算机对数据按照一定的取样间隔求得取样点的 $P = IV$，然后直接取其中的最大值作为近似的 P_m 值。此时，该点所对应的电压和电流就是最佳工作电压 V_m 和最佳工作电流 I_m。

c. 填充因子 FF 的计算　最大功率（P_m）与开路电压短路电流之积（$V_{oc} \times I_{sc}$）的比值，称为填充因子（FF），在图 1-12 中就是四边形 $OI_m M V_m$ 与四边形 $OI_{sc} A V_{oc}$ 面积之比。填充因子是直接表征太阳电池性能优劣的重要参数之一，标志着电池的整体制作与设计水平：

$$FF = \frac{P_m}{V_{oc} I_{sc}} = \frac{V_{oc} I_m}{V_{oc} I_{sc}} \tag{1-6}$$

d. 太阳电池效率 η 的计算　在太阳电池受到光照时，输出电功率和入射光功率之比称为太阳电池的光电转换效率，通常简称为太阳电池的效率，其计算公式如下：

$$\eta = \frac{P_m}{A_t P_m} = \frac{I_m V_m}{A_t P_m} = \frac{FF \times I_{sc} V_{oc}}{A_t P_{in}} \tag{1-7}$$

式中，A_t 为太阳电池总面积（包括电极的图形面积），但电极并不产生光电，所以可以把 A_t 换成有效面积 A_a（也称为活性面积），即扣除了电极图形面积后的面积，计算得到的转换效率要高一些；P_{in} 为单位面积的入射光功率，实际测量时，P_{in} 采取标准测试条件（STC），即 AM1.5 光谱条件，电池环境温度 25℃，$P_{in} = 100 mW/cm^2$。

③ 太阳电池的光谱响应特性　太阳光谱中，不同波长的光具有的能量是不同的，所含的光子的数目也是不同的。在本征半导体中，能量小于禁带宽度的光子不能激发电子空穴对，只会在半导体中产生吸收和反射，只有能量大于或等于禁带宽度的光子才能激发电子空穴对。可见，能量不同的光子具有不同的激发电子空穴对的转换能力，一般用光谱响应表示不同波长的光子产生电子空穴对的能力。

定量地说，太阳电池的光谱响应就是当某一波长的光照射在 p-n 结表面上时，每一光子平均所能收集到的载流子数。在太阳电池中，光谱响应实际上指的是"内光谱响应"，即在短路情况下，在电池两端收集到的载流子数与射入材料的光子之比：

$$SR(\lambda) = J_{sc}(\lambda)/qF(\lambda)[1-R(\lambda)] \tag{1-8}$$

式中，$J_{sc}(\lambda)$ 为短路电流密度；$F(\lambda)$ 为太阳光子流密度；$R(\lambda)$ 为太阳电池表面反射率。

在实际工作中，采用"相对光谱响应"的概念比较方便。所谓相对光谱响应，就是将某一频率处测得的最大光谱响应标定为 1，以此作基准，来量度其他波长的光谱响应所获得的相对值。

光子能量从 1.1eV 开始产生光谱响应，而到 1.5eV 左右光谱响应最大。随着光子能量继续上升，吸收系数也随之增大，因此大部分光生载流子集中产生在顶区表面。但顶区中少子寿命极低，表面复合速度极大，因而高能光谱响应也随着衰减。而且光子能量越大，吸收也越大，表面区域载流子损失也越多，因此光谱响应衰减也越迅速。如图 1-13 所示。

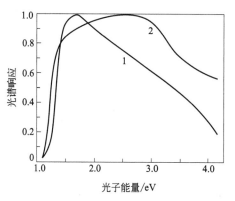

图 1-13　相对光谱响应

④ 太阳电池的温度特性　太阳电池材料的重要参数，如本征载流子浓度、扩散长度和吸收系数等都是温度的函数。本征载流子浓度 n_i 对开路电压影响很大，随着温度上升，n_i 按指数形式增大，因此开路电压迅速下降，暗电流也迅速增大。但随着温度的升高，少子寿命也会有一定程度的提高，而且可吸收利用的光子所必需的能量亦可得到降低，这样会使有效的光生载流子数量增加，进而提高了短路电流，抵消了部分开路电压的下降。

而对于晶硅太阳电池而言，随着温度升高、迁移率和寿命的变化，扩散长度会得到提高。由于基区扩散长度的改善，随着温度上升，吸收限移向低能量范围，提高了长波光谱响应，因此光生电流会有所增加。而晶硅电池的开路电压随温度升高而降低，两者之间的变化几乎呈线性关系，此现象是由暗电流增大引起的。填充因子与温度的关系相对比较复杂：当温度高于 200K（27℃）时，填充因子随着温度升高而降低。这是由于开路电压降低以及 I-V 曲线柔化，曲线的膝部变圆的缘故；但在低于 200K 时，随着温度降低，填充因子略微减小。

温度对典型晶硅太阳电池伏安特性的影响如图 1-14 所示。根据上述分析，温度升高时，V_{oc} 和 FF 减小，虽然 I_{sc} 略有提升，但电池转换效率仍降低。

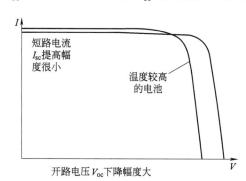

图 1-14　温度对伏安特性的影响

⑤ 太阳电池的光照特性　光照强度不同，太阳电池的最佳工作点也不同。若温度不变，当强度增加时，短路电流就线性增大，而开路电压也按对数关系增大。低光照强度时，串联电阻影响相对来说并不那么显著，但漏电流大小可以与光电流相比较，因此会大大地影响输出电压和填充因子。在高光照强度时，旁路电阻不太重要，而串联电阻起着明显的作用。

假设忽略串联电阻和并联电阻的影响，光照强度分布均匀，那么在几个数量级范围内短路电流正比于光照强度，开路电压随着光照强度的升高呈对数增长。由于开路电压和填充因子的变化，随着光照强度的增加，效率也随着提高。

（2）太阳电池性能的检测项目

在整个太阳电池制造工艺中有许多测量要求，主要包括外观检测和电学性能的检测。测试的范围涵盖硅片、太阳电池制备过程中所涉及的上述两种性能的检测，主要检测项目如表1-2所示。

表1-2 太阳电池性能的主要检测项目

质量测量	来料	清洗制绒	扩散	去PSG	制作减反射膜	电极印刷	烧结	电性能
尺寸	√							
减薄量		√						
反射率		√			√			
膜厚					√			
方块电阻	√		√	√				
膜应力								
折射率								
掺杂浓度			√					
无图形表面缺陷	√		√	√	√			
有图形表面缺陷						√	√	
栅线高宽比							√	
$I\text{-}V$ 特性								√

具体的太阳电池性能的检测技术及仪器设备，可参考段春艳等编写的《光伏产品检测技术》（化学工业出版社，2016年9月出版）。

1.3 晶体硅太阳电池生产工艺流程

1.3.1 常规晶体硅太阳电池生产工艺

常规晶体硅太阳电池的制造工艺流程，主要包括清洗制绒、扩散制结、后清洗［去磷硅玻璃（PSG）、去背结］、减反膜制备（PECVD）、电极（背电极、背电场和前电极）印刷及烘干、烧结、测试分选等。在各工序的环节间设有中间环节检测项目，主要有抽样检测制绒效果、抽样检测扩散后方块电阻、抽样检测减反膜厚度和折射率以及抽样检测印刷前后电池湿重等。

（1）常规单晶硅太阳电池生产工艺

常规单晶硅太阳电池的工艺流程如图1-15所示。

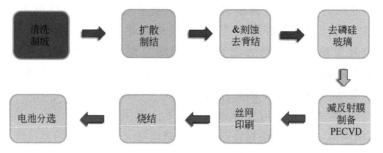

图 1-15　常规单晶硅太阳电池的工艺流程

① 清洗制绒　用常规的硅片清洗方法清洗，然后用酸（或碱）溶液将硅片表面切割损伤层单面除去约 $5\sim10\mu m$。用碱溶液对硅片进行各向异性腐蚀，在硅片表面制备绒面。

② 扩散（以 p 型硅片磷扩散为例）　采用液态磷源（或固态氮化磷片状源和涂布磷源等）进行扩散，制成 p-n$^+$ 结，其结深一般为 $0.2\sim0.7\mu m$。

③ 刻蚀去 PSG　扩散时在硅片周边表面形成的扩散层，会使电池上、下电极短路。用湿法腐蚀或等离子干法腐蚀去除周边扩散层。目前一般产业界常用"水上漂"的湿法腐蚀。

④ 去除背面 p-n$^+$ 结　业界目前常用湿法腐蚀法，并与刻蚀去 PSG 工序同时进行。

⑤ 制作减反射膜　为了减少入射光的反射损失，要在硅片表面上覆盖一层减反射膜。制作减反射膜的材料有 MgF_2、SiO_2、Al_2O_3、SiN_x、TiO_2、Ta_2O_5 等。工艺方法可用真空镀膜法、离子镀膜法、溅射法、印刷法、PECVD 法或喷涂法等。目前主流的方法是 PECVD 法制备 SiN_x 减反射膜。

⑥ 电极及背电场制备　用真空蒸镀、化学镀镍或印刷烧结等工艺制作电极及背电场。通常先制作背电极和背电场，然后制作前电极。使用银浆、铝浆的丝网印刷工艺是目前业界主流采用的工艺方法。

⑦ 烧结　使电极和背电场与电池衬底形成牢靠良好的欧姆接触。

⑧ 测试分挡　按规定参数规范和技术指标对电池测试分类。

（2）常规多晶硅太阳电池的生产工艺

多晶硅太阳电池由多晶材料加工而成，其典型外观如图 1-16 所示。多晶硅材料本身由多个不规则的晶粒和晶界组成，因此多晶硅电池片从外观上会发现有一定的花纹。

  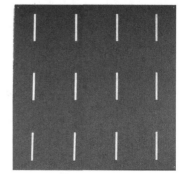

(a) 多晶硅硅片　　　　(b) 多晶硅太阳电池(迎光面)　　　　(c) 多晶硅太阳电池(背光面)

图 1-16　多晶硅硅片与多晶硅太阳电池

多晶硅太阳电池的生产工艺流程与单晶硅大体相近，但在具体的工艺参数和原料选择上是有所差别的。以清洗制绒工艺环节为例，单晶硅的晶向比较统一，因此在（100）晶向的硅片上通过碱液制绒之后可得到减反射效果较好的金字塔；而多晶硅材料因其晶粒和晶向的随机性，通过碱液制绒后绒面效果不好，只能采用酸制绒、等离子体干法制绒、湿法黑硅制绒等其他方式进行。

此外，制造多晶硅太阳电池时要尽量降低对光生载流子的复合损失，晶界对多晶硅片少子寿命影响没有缺陷大，目前小晶粒多晶硅片效果更好。目前采用的方法如下。

① 磷和铝吸杂　在多晶硅表面沉积磷或铝层，或用三氯氧磷液态源进行高温下高浓度预扩散，在表面产生缺陷，高温下杂质可能在高缺陷区富集，再将该层去掉，即可除去一些杂质。磷和铝吸杂的效果与基片原来的状态有很大关系，特别是氧和碳的含量，氧碳含量高时效果较差。

② 氢钝化　实验室中在约450℃下用气氛（20％氢＋80％氮气）对晶界进行氢钝化处理，可大大降低晶界两侧的界面态，从而降低晶界复合，提高太阳电池效率。多晶硅太阳电池大多采用氮化硅（SiN_x）作减反射膜，主要用等离子体化学气相沉积（PECVD）方法，在制备氮化硅的过程中也会有等离子态的氢对多晶硅晶界起氢钝化作用。

③ 建立界面场　通过对多晶硅太阳电池的 n 型区晶界重掺杂磷，磷向晶界两侧扩散形成 n+n-界面结构，在 p 型区晶界重掺杂铝，铝亦向晶界两侧扩散形成 p+p-界面结构，以上两种结构又统称为高低结。这两种结构在相应边界产生的界面电场均能阻止该区的光生载流子在晶界面处复合，从而提高太阳电池效率。

1.3.2　硅材料的生产工艺

硅在自然界中主要是以氧化物为主的化合物形态存在于石英石、石英砂等天然原料中。通过氧化还原反应，可以将二氧化硅还原为硅单质。按照硅单质中杂质含量的不同，可以将硅材料分为以下三类。

① 冶金级硅（Metallurgical Grade Silicon，简称 MG）　硅的氧化物在电弧炉中被碳还原而成。冶金级硅中的硅含量一般为98％以上，较高的在99.8％以上。

② 太阳能级硅（Solar Grade Silicon，简称 SG）　主要指能满足硅基太阳电池生产的硅材料。在半导体业界，一般用字母"N"来代表硅材料的纯度，以太阳能级硅为例，其最低的硅元素含量一般要求在99.9999％～99.99999％之间，也就是6N～7N。

③ 电子级硅（Electronic Grade Silicon，简称 EG）　一般硅元素含量最低在99.9999999％～99.999999999％之间，也就是9N～11N。

(1) 冶金级硅的制备

冶金级硅是制造太阳能级硅或电子级硅的原料，它一般是由石英砂（主要成分为二氧化硅）在电弧炉中用碳还原而成。尽管石英砂在自然界中比较常见，但仅有少量杂质含量满足标准要求的原料可用于冶金级硅的制备。一般而言，要求二氧化硅（SiO_2）的含量在99％以上，并对砷、磷和硫等杂质的含量有严格的限制。

冶金级硅的主化学反应式如下式所示：

$$SiO_2 + 2C \longrightarrow Si + 2CO \tag{1-9}$$

然而在电弧炉中发生的实际反应过程是非常复杂的：在炉体的不同部位，由于温度差异，会有不同的反应发生。冶金硅的形成发生在炉子底部，即温度最高处。

冶金级硅主要用于钢铁工业和铝合金工业，这种情况下要求其纯度为 98%。纯度大于 99% 的冶金级硅用于制备氯硅烷，是合成有机硅的关键中间体。用于制造半导体的冶金级硅中除了含有 99% 以上的 Si 外，还含有 Fe、Al、Ca、P、B 等，这就需要采用提纯方法将冶金级硅纯化。

（2）化学法制备电子级硅

化学法就是冶金级硅中的硅元素参加化学反应，生成硅的化合物——四氯化硅（$SiCl_4$）或三氯氢硅（$SiHCl_3$），然后将其从杂质中分离出来，最终把硅元素还原成为高纯多晶硅。在化学法提纯冶金级硅过程中，硅是主要的反应元素。

① 改良西门子法制备多晶硅 改良西门子法工艺的前身西门子法最早于 1954 年推出，至今仍被广泛使用。它的第一步是在 $250 \sim 350$℃ 的温度下冶金硅粉末和氯化氢在流化床上反应。使用流化床的好处是反应热容易散发和冶金硅容易加入。在流化床上发生的主要反应有：

$$Si + 3HCl \longrightarrow SiHCl_3 + H_2 \tag{1-10}$$

$$Si + 4HCl \longrightarrow SiCl_4 + 2H_2 \tag{1-11}$$

其中主要反应产物是三氯硅烷，在最终产物中，还有少量的二氯二氢硅（SiH_2Cl_2）、未反应的氢气（H_2）、一些易挥发的金属氯化物和硼（B）、磷（P）、砷（As）等电活性元素的氯化物。

西门子法的第二步是对 $SiHCl_3$ 进行分馏，在这个过程中可以把具有不同沸点的氯化物分离开来。金属氯化物和 $SiHCl_3$ 的分离相对容易，而三氯化磷（PCl_3）、三氯化硼（BCl_3）以及一些有机氯化物和 $SiHCl_3$ 的分离就比较困难，必须采取多次分馏的方法。

西门子法的第三步是硅的沉积。多晶硅反应炉一般都采用单端口的钟罩方式。反应炉的底盘是水冷的，盘上有 $SiHCl_3$ 和 H_2 的进气口和 HCl 的出气口。此外，还有连接晶种的电极。接在电极上的硅桥呈倒立的 U 字形，它是超纯的细硅芯。沉积多晶硅时，电流通过硅桥使之发热，当温度达到 1100℃ 左右时，会在硅桥表面发生如下反应：

$$SiHCl_3 + H_2 \longrightarrow Si + 3HCl \tag{1-12}$$

通常多晶硅的沉积反应要进行 $200 \sim 300h$，使沉积在硅桥上的硅棒达到 $150 \sim 200mm$。

鉴于西门子法在生产过程中会产生多种副产物，在西门子法工艺的基础上通过增加尾气干法回收系统，$SiCl_4$ 氢化工艺，实现了闭路循环，即改良西门子法。改良西门子法的生产流程，是利用氯气和氢气合成 HCl，HCl 和工业硅粉在一定的温度下合成 $SiHCl_3$，然后对 $SiHCl_3$ 进行分离精馏提纯，提纯后的 $SiHCl_3$ 在氢还原炉内进行化学气相沉积反应得高纯多晶硅。

② 硅烷法制备高纯多晶硅 20 世纪 60 年代末期，ASiMi 公司提出了用 SiH_4 为原料生产多晶硅。利用 SiH_4 原料制造多晶硅棒，一般使用金属钟罩炉。在高温时，SiH_4 会分解产生 Si 和 H_2，其反应式如下：

$$SiH_4 \longrightarrow Si + 2H_2 \tag{1-13}$$

分解产生的硅会渐渐沉积在硅种上，其沉积速率可以通过温度的分布和 SiH_4 的气流量来控制。与西门子法相比，SiH_4 的转换效率高了很多，95% 的 SiH_4 都能转换成多晶硅。而且，由于 SiH_4 可以在较低的温度下沉积，所以消耗的电能也比较少。

(3) 冶金法制备太阳能级硅

半导体级（电子级）多晶硅的制备和提纯工艺复杂，成本很高。相比微电子器件而言，太阳电池对材料和器件中的杂质容忍度要大得多（太阳电池对某些杂质，如 Fe、O 的含量要求比较高），因此，太阳电池用硅材料的原料，通常利用微电子工业用单晶硅材料废弃的头尾料和废材料，以及质量较低的电子级高纯多晶硅，这样可以降低太阳电池的总成本，因为硅原材料的成本约占硅太阳电池总成本的25％以上。随着光伏产业的快速发展，微电子工业的废硅材料将不能满足光伏产业的需要，因此光伏产业迫切地需要纯度高于金属硅、低于半导体多晶硅，而且成本又远远低于电子级多晶硅的太阳电池专用的太阳能级硅材料。

制造太阳能级多晶硅最直接且最经济的方法，是将金属硅进行低成本提纯，纯化至可以用于太阳电池制造的太阳能级硅，而不是采用化学法提纯工艺。不同的冶金级硅中含有不同的杂质，但主要杂质基本相同，可分为两类：一类是 Al、Fe、Ca、Mg、Mn、Cr、Ti、V、Zr 和 Cu 等金属杂质；另一类为 B、P、As 和 C 等非金属杂质。表 1-3 对冶金级硅和太阳能级硅中主要杂质的含量进行了对比。

表 1-3　冶金级硅和太阳能级硅中主要杂质的含量对比

杂质	杂质含量/$\times 10^{-6}$		
	冶金级		太阳能级
	98％～99％	99.5％	
Al	1000～4000	50～600	<0.1
Fe	1500～6000	100～1200	<0.1
Ca	250～2200	100～300	<1
Mg	100～400	50～70	<1
Mn	100～400	50～100	≪1
Cr	30～300	20～50	≪1
Ti	30～300	10～50	≪1
V	50～250	<10	≪1
Zr	20～40	<10	≪1
Cu	20～40	<10	<1
B	10～50	10～15	0.1～1.5
P	20～40	10～20	0.1～1
C	1000～3000	50～100	0.5～5

① 湿法提纯　硅具有较强的耐酸腐蚀能力，并且大部分金属元素杂质在固体硅中的溶解度极低，硅在凝固的过程中金属元素主要偏聚在晶界处。对凝固后的硅铸锭进行破碎，由于硅锭晶界的强度较低，硅锭主要沿晶界处破碎，金属元素杂质主要暴露在硅颗粒的表面，然后将硅颗粒用不同种类的酸、络合剂进行清洗，可以有效去除大部分金属元素杂质。

② 定向凝固　冶金法中定向凝固利用金属杂质原子在硅中分凝效应，使得杂质分别在晶体和熔体中含量不相等，从而达到提纯熔体作用。一般通过一两次定向凝固可以将金属杂质含量降低到 10^{-6} 级别。定向凝固所用设备如图 1-17 所示。

③ 氧化精炼　氧化精炼包括造渣法和吹气法等，利用硅熔体中某些不易挥发性杂质与加入硅熔体中的造渣剂或气体发生化学反应，形成渣相上浮到硅熔体表面或下沉到硅熔体底部，或形成挥发性气体，最后，杂质挥发或凝固与提纯硅结晶体分开，达到去杂效果。

冶金法提纯小型硅锭如图 1-18 所示。

图 1-17　定向凝固设备　　　　　　图 1-18　冶金法提纯小型硅锭

1.3.3　硅片的生产工艺

(1) 多晶硅锭的制备

参阅图 1-19。

① 浇铸法　浇铸法将熔炼及凝固分开，熔炼在一个石英砂炉衬的感应炉中进行，熔融的硅液浇入一个石墨模型中，石墨模型置于一个升降台，周围用电阻加热，然后以 1mm/min 的速度下降，特点是熔化和结晶在两个不同的坩埚中进行。从图 1-20 中可以看出，这种生产方法可以实现半连续化生产，其熔化、结晶、冷却分别位于不同的地方，可以有效提高生产效率，降低能源消耗。缺点是因为熔融和结晶使用不同的坩埚，会导致二次污染。此外，因为有坩埚翻转机构及引锭机构，使得其结构相对较复杂。

图 1-19　多晶硅锭制备

② 直熔法　热交换法及布里曼法都是把熔化及凝固置于同一坩埚中（避免了二次污染），其中热交换法是将硅料在坩埚中熔化后，在坩埚底部通冷却水或冷气体，在底部进行热量交换，形成温度梯度，促使晶体定向生长。图 1-21 为一个使用热交换法的结晶炉示意图。该炉型采用顶、底部加热，在熔化过程中，底部用一个可移动的热开关加热，结晶时则将它移开，以便将坩埚底部的热量通过冷却台带走，从而形成温度梯度。

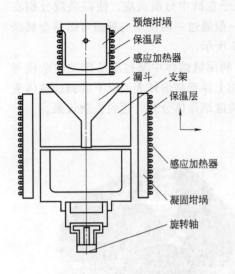

图 1-20　浇铸设备示意图

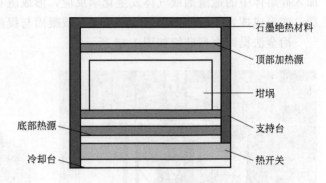

图 1-21　热交换法结晶炉炉内结构示意图

布里曼法则是在硅料熔化后,将坩埚或加热元件移动,使结晶好的晶体离开加热区,而液硅仍然处于加热区,这样在结晶过程中液固界面形成比较稳定的温度梯度,有利于晶体的生长。其特点是液相温度梯度 dT/dX 接近常数,生长速度受工作台下移速度及冷却水流量控制趋近于常数,生长速度可以调节。实际生产所用结晶炉大都是采用热交换法与布里曼法相结合的技术。

热交换法与布里曼法相结合的结晶炉,如图 1-22 所示。工作台通冷却水,上置一个热开关,坩埚则位于热开关上。硅料熔融时,热开关关闭,结晶时打开,将坩埚底部的热量通过工作台内的冷却水带走,形成温度梯度。同时坩埚工作台缓慢下降,使凝固好的硅锭离开加热区,维持固液界面有一个比较稳定的温度梯度。在这个过程中,要求工作台下降非常平稳,以保证获得平面前沿定向凝固。

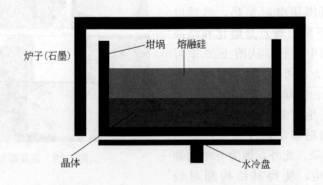

图 1-22　热交换法与布里曼法相结合的结晶炉示意图

③ 电磁铸锭法　利用电磁感应的冷坩埚来熔化硅原料。这种熔化和凝固技术可以在不同的部位同时进行,节约时间。而且,熔体和坩埚不直接接触,既没有坩埚的消耗,又减少了杂质的污染,特别是氧浓度和金属杂质大幅降低。另外,该技术还可以连续浇铸。不仅如此,由于电磁力对硅熔体的搅拌作用,使得掺杂剂在硅熔体中的分布能更均匀,是种很有前途的铸造多晶硅技术。但这种技术生长的多晶硅的晶粒比较细小(约为 3～5mm)、大小不

均，且生长时固液界面是严重的凹型，会引入较多的晶体缺陷。因此，制备的多晶硅的少数载流子寿命较低，所制的太阳电池效率也低。

不同的多晶硅锭制备方法的对比，如图 1-23 所示。

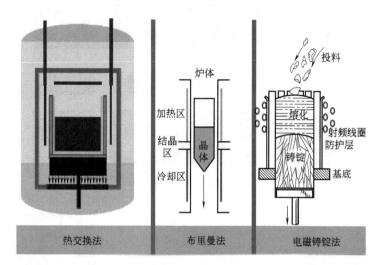

图 1-23　不同多晶硅锭制备方法对比图示

（2）直拉单晶硅的生产

最通用的单晶硅锭生长方法，是缓慢地从盛放在纯石英坩埚的熔融硅中拉一个定向籽晶，经过缓慢地提拉，最终制备单晶硅锭。其设备如图 1-24 所示。

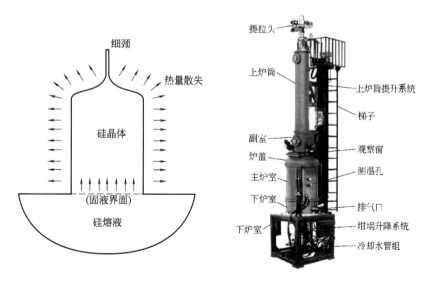

图 1-24　单晶硅锭制备原理及设备

单晶硅基本作业流程如图 1-25 所示，分为装料、化料、引晶、缩颈、放肩、转肩、等径、收尾。

① 装料　装料的基本步骤如图 1-26 所示。注意事项：石英坩埚轻拿轻放，严禁碰伤、玷污；领料正确，掺杂准确；液面以下面接触、以上点接触；原料严禁和其他物体接触，尤其金属和有机物。

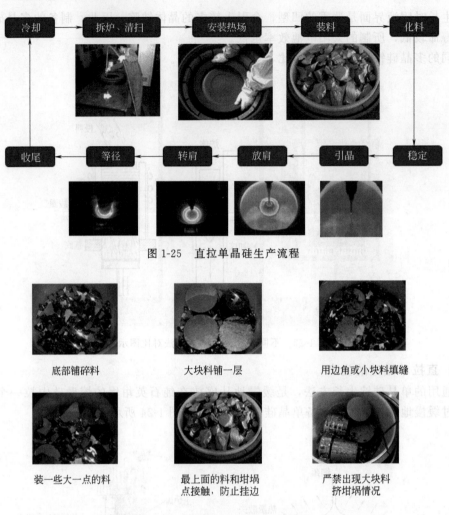

图 1-25　直拉单晶硅生产流程

底部铺碎料　　　　　　大块料铺一层　　　　用边角或小块料填缝

装一些大一点的料　　　最上面的料和坩埚　　严禁出现大块料
　　　　　　　　　　　点接触，防止挂边　　挤坩埚情况

图 1-26　装料基本步骤及错误操作

　　② 抽真空、化料　按要求正确抽真空、化料。同时保持 O 形密封圈洁净；正确顺序开泵、阀门；开阀门速度不能太快；化料过程多观察，防止挂边和架桥。在熔硅阶段坩埚位置的调节很重要。开始坩埚位置较高，可以使坩埚口与加热器的顶部对齐，这样可以使坩埚底部的多晶硅料先熔化，然后再将坩埚逐渐降至拉晶的正常位置。熔硅过程不宜太长，熔硅时间长，熔硅中掺入杂质的挥发量大，坩埚熔蚀也严重。熔硅过程中应注意防止熔硅溅出或黏附在液面以上的坩埚壁上。

　　③ 引晶　多晶硅熔化后，需要保温一段时间，使熔硅的温度和流动达到稳定，然后再进行晶体生长。在硅晶体生长时，首先将单晶籽晶固定在旋转的籽晶轴上，然后将籽晶缓缓下降，距液面数毫米处暂停片刻，使籽晶温度尽量接近熔硅温度，以减少可能的热冲击；接着将籽晶轻轻浸入熔硅，使头部首先少量溶解，然后和熔硅形成一个固液界面。若籽晶很快被熔断，表明熔硅温度太高；若籽晶陷入熔硅，但熔化很慢，甚至不熔化或长大，表明熔硅温度太低；若熔硅很快浸润籽晶，并沿籽晶垂直面攀缘而上，端部稍微熔化，则熔硅温度适当。在合适的温度下，籽晶可与熔硅长时间接触，既不会进一步熔化，也不会生长。

　　④ 放肩　放肩的作用是为了让晶体生长到预定直径。放肩时，严格按照规定的晶转、埚转、温度值和拉速值自动放肩。随时观测直径，保持温度稳定，尽可能长成平。

⑤ 转肩　转肩的作用是控制直径，使晶体由横向生长变成纵向生长。当肩部直径约比需要的单晶直径小 3～5mm 时，将拉速提高到 2.5mm/min，使直径增长速率降低。同时坩埚也开始自动跟踪，使熔硅液面始终保持在相对固定的位置上。

⑥ 等径　当直径达到要求后，将拉速降到 1.3～1.5mm/min 左右，然后在电子系统的自动控制下开始等直径生长。

⑦ 收尾　在长晶的最后阶段防止热冲击造成单晶等径部分出现滑移线而进行的逐步缩小直径过程。

(3) 硅片的生产

硅片的准备过程从硅单晶棒、多晶硅锭开始，到清洁的抛光片结束，期间从一单晶硅棒、多晶硅锭到加工成数片均能满足特殊要求的硅片，要经过很多流程和清洗步骤。除了有许多工艺步骤之外，整个过程几乎都要在无尘的环境中进行。硅片的加工从一相对较脏的环境开始，最终在 10 级净空房内完成。硅片加工过程包括许多步骤，可概括为 3 个主要种类：能修正物理性能，如尺寸、形状、平整度或一些体材料的性能；能减少不期望的表面损伤的数量；或能消除表面沾污和颗粒。以下为单晶硅片制备的详细流程。

① 切片　这一步骤的关键是如何在将单晶硅棒加工成硅片时，尽可能地降低损耗，也就是要求将单晶棒尽可能多地加工成有用的硅片。为了尽量得到最好的硅片，硅片要求有最小量的翘曲和最少量的刀缝损耗。切片过程定义了平整度，基本上适合器件的制备。

切片过程中有两种主要方式：内圆切割和线切割。这两种形式的切割方式被应用的原因是它们能将材料损失减少

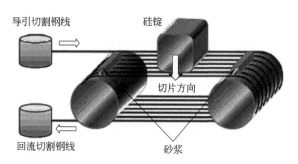

图 1-27　线切割制备硅片

到最小，对硅片的损伤也最小，并且允许硅片的翘曲也是最小的。图 1-27 为线切割制备硅片。

切片是一个相对较脏的过程，可以描述为一个研磨的过程，这一过程会产生大量的颗粒和大量的很浅表面损伤。

硅片切割完成后，所粘的碳板和用来粘碳板的黏结剂必须从硅片上清除。在这清除和清洗过程中，很重要的一点就是保持硅片的顺序，因为这时它们还没有被标识区分。

② 激光标识　在晶棒被切割成一片片硅片之后，硅片会被激光刻上标识。一台高功率的激光打印机用来在硅片表面刻上标识。硅片按从晶棒切割下的相同顺序进行编码，因而能知道硅片的正确位置。这一编码应是统一的，用来识别硅片并知道它的来源。编码能表明该硅片是从哪一单晶棒的什么位置切割下来的。保持这样的追溯是很重要的，因为单晶的整体特性会随着晶棒的一头到另一头而变化。编号需刻得足够深，从而到最终硅片抛光完毕后仍能保持。在硅片上刻下编码后，即使硅片有遗漏，也能追溯到原来位置，而且如果趋向明了，那么可以采取正确的措施。激光标识可以在硅片的正面，也可在背面，通常会用正面。

③ 倒角　当切片完成后，硅片有比较尖利的边缘，就需要进行倒角，从而形成子弹式的光滑的边缘。倒角后的硅片边缘有低的中心应力，因而使之更牢固。这个硅片边缘的强化，能使之在以后的硅片加工过程中降低硅片的碎裂程度。

④ 磨片　接下来的步骤是为了清除切片过程及激光标识时产生的不同损伤，这是磨片

过程中要完成的。在磨片时，硅片被放置在载体上，并围绕放置在一些磨盘上。硅片的两侧都能与磨盘接触，从而使硅片的两侧能同时研磨到。磨盘是铸铁制的，边缘锯齿状。磨盘上有一系列的洞，可让研磨砂分布在硅片上，并随磨片机运动。磨片可将切片造成的严重损伤清除，只留下一些均衡的浅显的伤痕；磨片的第二个好处，是经磨片之后，硅片非常平整，因为磨盘是极其平整的。

磨片过程主要是一个机械过程，磨盘压迫硅片表面的研磨砂。研磨砂是由氧化铝溶液延缓煅烧后形成的细小颗粒组成的，它能将硅的外层研磨去。被研磨去的外层深度要比切片造成的损伤深度更深。

⑤ 腐蚀　磨片之后，硅片表面还有一定量的均衡损伤，要将这些损伤去除，但尽可能低地引起附加的损伤，比较有特色的就是用化学方法。有两种基本腐蚀方法：碱腐蚀和酸腐蚀。两种方法都被应用于溶解硅片表面的损伤部分。

⑥ 背损伤　在硅片的背面进行机械损伤是为了形成金属吸杂中心。当硅片达到一定温度时，如 Fe、Ni、Cr、Zn 等会降低载流子寿命的金属原子就会在硅体内运动。当这些原子在硅片背面遇到损伤点，它们就会被诱陷并本能地从内部移动到损伤点。背损伤的引入，典型的是通过冲击或磨损。举例来说，冲击方法用喷砂法，磨损则用刷子在硅片表面摩擦。其他损伤方法，还有淀积一层多晶硅和产生一化学生长层。

⑦ 边缘抛光　硅片边缘抛光的目的，是为了去除在硅片边缘残留的腐蚀坑。当硅片边缘变得光滑，硅片边缘的应力也会变得均匀。应力的均匀分布，使硅片更坚固。抛光后的边缘能将颗粒灰尘的吸附降到最低。硅片边缘的抛光方法类似于硅片表面的抛光。硅片由一真空吸头吸住，以一定角度在一旋转桶内旋转且不妨碍桶的垂直旋转。该桶有一抛光衬垫并有砂浆流过，用化学/机械抛光法将硅片边缘的腐蚀坑清除。另一种方法是只对硅片边缘进行酸腐蚀。

⑧ 预热清洗　在硅片进入抵抗稳定前，需要清洁，将有机物及金属沾污清除，如果有金属残留在硅片表面，当进入抵抗稳定过程，温度升高时，会进入硅体内。这里的清洗过程是将硅片浸没在能清除有机物和氧化物的清洗液（$H_2SO_4 + H_2O_2$）中，许多金属会以氧化物形式溶解入化学清洗液中；然后，用氢氟酸（HF）将硅片表面的氧化层溶解以清除污物。

⑨ 抵抗稳定——退火　硅片在 CZ 炉内高浓度的氧氛围里生长。因为绝大部分的氧是惰性的，然而仍有少数的氧会形成小基团。这些基团会扮演施主的角色，就会使硅片的电阻率测试不正确。为防止这一问题的发生，硅片必须首先加热到 650℃ 左右。这一高的温度会使氧形成大的基团而不会影响电阻率。然后对硅片进行急冷，以阻碍小的氧基团的形成。这一过程可以有效地消除氧作为施主的特性，并使真正的电阻率稳定下来。

⑩ 背封　对于重掺的硅片来说，会经过一个高温阶段，在硅片背面淀积一层薄膜，能阻止掺杂剂的向外扩散。这一层就如同密封剂一样防止掺杂剂的逃逸。通常有三种薄膜被用来作为背封材料：二氧化硅（SiO_2）、氮化硅（Si_3N_4）、多晶硅。如果氧化物或氮化物用来背封，可以严格地认为是一密封剂，而如果采用多晶硅，除了主要作为密封剂外，还起到了外部吸杂作用。

⑪ 粘片　在硅片进入抛光之前，先要进行粘片。粘片必须保证硅片能抛光平整。有两种主要的粘片方式，即蜡粘片或模板粘片。顾名思义，蜡粘片用一固体松香蜡与硅片粘合，并提供一个极其平的参考表面。这一表面为抛光提供了一个固体参考平面。粘的蜡能防止当硅片在一侧面的载体下抛光时硅片的移动。蜡粘片只对单面抛光的硅片有用。

另一方法就是模板粘片，有两种不同变异。一种只适用于单面抛光，用这种方法，硅片被固定在一圆的模板上，再放置在软的衬垫上。这一衬垫能提供足够的摩擦力，因而在抛光时，硅片的边缘不会完全支撑到侧面载体，硅片就不是硬接触，而是"漂浮"在物体上。当正面进行抛光时，单面的粘片保护了硅片的背面。另一种方法适用于双面的抛光。用这种方法，放置硅片的模板上下两侧都是敞开的，通常两面都敞开的模板称为载体。这种方法允许在一台机器上进行抛光时，两面能同时进行，操作类似于磨片机。硅片的两个抛光衬垫放置在相反的方向，这样硅片被推向一个方向的顶部时和相反方向的底部，产生的应力会相互抵消，这就有利于防止硅片被推向坚硬的载体而导致硅片边缘遭到损坏。除了许多加载在硅片边缘的负荷，当硅片随载体运转时，边缘不大可能会被损坏。

⑫ 抛光　硅片抛光的目的是得到一非常光滑、平整、无任何损伤的硅表面。抛光的过程类似于磨片的过程，只是过程的基础不同。磨片时，硅片进行的是机械的研磨；而在抛光时，是一个化学/机械的过程。抛光能比磨片得到更光滑的表面。

抛光时，用特制的抛光衬垫和特殊的抛光砂对硅片进行化学/机械抛光。硅片抛光面是旋转的，在一定压力下，并经覆盖在衬垫上的研磨砂。抛光砂由硅胶和一特殊的高 pH 的化学试剂组成。这种高 pH 的化学试剂能氧化硅片表面，又以机械方式用含有硅胶的抛光砂将氧化层从表面磨去。

硅片通常要经多步抛光。第一步是粗抛，用较硬衬垫，抛光砂更易与之反应，而且比后面的抛光中用到的砂中有更多粗糙的硅胶颗粒。第一步是为了清除腐蚀斑和一些机械损伤。在接下来的抛光中，用软衬、含较少化学试剂和细的硅胶颗粒的抛光砂。清除剩余损伤和薄雾的最终的抛光，称为精抛。

⑬ 检查前清洗　硅片抛光后，表面有大量的沾污物，绝大部分是来自于抛光过程的颗粒。抛光过程是一个化学/机械过程，集中了大量的颗粒。为了能对硅片进行检查，需进行清洗以除去大部分的颗粒。通过这次清洗，硅片的清洁度仍不能满足客户的要求，但能对其进行检查了。

通常的清洗方法是在抛光后用 RCA SC-1 清洗液。有时用 SC-1 清洗时，同时还用磁超声清洗方能更为有效。另一方法是先用 H_2SO_4/H_2O_2，再用 HF 清洗。相比之下，这种方法更能有效清除金属沾污。

⑭ 检查　经过抛光、清洗之后，就可以进行检查了。在检查过程中，电阻率、翘曲度、总厚度超差和平整度等都要测试。所有这些测量参数都要用无接触方法测试，抛光面才不会受到损伤。在这点上，硅片必须最终满足客户的尺寸性能要求，否则就会被淘汰。

⑮ 金属物去除清洗　硅片检查完后，就要进行最终的清洗，以清除剩余在硅片表面的所有颗粒。主要的沾污物是检查前、清洗后仍留在硅片表面的金属离子。这些金属离子来自于各个不同的用到金属与硅片接触的加工过程，如切片、磨片。一些金属离子其至来自于前面几个清洗过程中用到的化学试剂。因此，最终的清洗主要是为了清除残留在硅片表面的金属离子。这样做的原因是金属离子能导致少数载流子寿命，从而会使器件性能降低。因此，要用不同的清洗液，如 HCl，必须用到。

⑯ 擦片　在用 HCl 清洗完硅片后，可能还会在表面吸附一些颗粒。一些制造商选择 PVA 制的刷子来清除这些残留颗粒。在擦洗过程中，纯水或氨水（NH_4OH）应流经硅片表面以带走黏附的颗粒。用 PVA 擦片是清除颗粒的有效手段。

⑰ 激光检查　硅片最终清洗完成后，需要检查表面颗粒和表面缺陷。激光检查仪能探测到表面的颗粒和缺陷。因为激光是短波中高强度的波源，激光在硅片表面反射，如果表面没有任何问题，光打到硅片表面就会以相同角度反射，然而，如果光打到颗粒上或打到粗糙的平面上，光就不会以相同角度反射，反射的光会向各个方向传播，并能在不同角度被探测到。

⑱ 包装/货运　包装的目的是为硅片提供一个无尘的环境，并使硅片在运输时不受到任何损伤。包装还可以防止硅片受潮。理想的包装是既能提供清洁的环境，又能控制保存和运

输时的小环境的整洁。典型的运输用的容器是由聚丙烯、聚乙烯或一些其他塑料材料制成。这些塑料应不会释放任何气体，并且是无尘的，如此硅片表面才不会被污染。

(4) 硅片的检验作业

① 检验过程

核对→厚度、TTV、导电类型、电阻率检验→外观检验→预投→合格的判定→收、退货。

② 检验内容

a. 检验工具　游标卡尺、WA-200、平台、硅片模板、塞尺、千分表、直尺。

b. 穿戴　工作服、工作帽、一次性口罩、汗布手套、PVC 手套。

c. 检验过程

（a）核对　照送检单核对质量条款，包括硅片的来源、规格、数量；供方所提供的参数，如电阻率、厚度、对角线长、边长；检查供方出具的材质报告（碳含量、氧含量）。如有不符，须先与供应链管理部沟通，无误后进行检验。

（b）厚度、TTV、导电类型、电阻率的抽样检验

• 检查外包装是否完整，如不完整，则不开封检验，通知品质工程师处理。

• 用刀片划开包装盒封条，划时刀片不宜切入太深，刀尖深入不要超过 5mm，防止划伤泡沫盒内的硅片。对于塑封好的硅片，用刀尖轻轻划开热缩膜 4 个角，然后撕开热缩膜。

• 抽出两边的隔板，观察盒内有没有碎片，如有则要及时清理碎片。

• 戴好手套，抽取硅片。手套的戴法为：先戴内层汗布手套，再戴外层 PVC 手套。每批硅片都必须按照 GB/T 2828.1—2003 中一般检验的 Ⅱ 水平抽取样片，要求尽可能按箱均匀随机抽取，并用 WA-200 对硅片进行厚度、TTV、导电类型、电阻率的测试，每片厚度测量 3 条线，分别为硅片中心线以及与之平行的边缘两条线，设备会自动记录相关数据。

• 导出数据，计算出厚度和 TTV 的平均值及标准偏差、电阻率的范围。

• 如果该批次硅片的检测项目不在接收范围内，则判定该批次硅片不合格；如果合格，则接收该批次进行外观全检。

（c）外观检验

• 检查外包装是否完整，如不完整，则不开封检验，通知品质工程师处理。

• 用刀片划开包装盒封条，划时刀片不宜切入太深，刀尖深入不要超过 5mm，防止划伤泡沫盒内的硅片；对于塑封好的硅片，用刀尖轻轻划开热缩膜 4 个角，然后撕开热缩膜。

• 抽出两边的隔板，观察盒内有没有碎片，如有则要及时清理碎片。

• 戴好手套。手套的戴法为：先戴内层汗布手套，再戴外层 PVC 手套。从盒内拿出一叠硅片（不得超过 100 片），先把硅片并齐并拢后观察硅片四边是否对齐平整，鉴别是否存在尺寸不对的现象，如不符合，则用游标卡尺测量，并及时记录于〈硅片不合格现象明细表〉上。

• 再将这些硅片分出一部分，使其旋转 90°或 180°，并拢观察硅片间是否有缝隙，如有则说明有线痕或是 TTV 超标的现象。将缝隙处的硅片拿出来，用千分表测硅片上不固定的数点厚度（硅片边缘 5mm 以内取点），根据厚度结果确定是否超标，并将线痕、TTV 超标片分别放置。再观察 4 个倒角是否能对齐，如有偏差，对照硅片模板进行鉴别，把倒角不一致的硅片分开放置，并在《硅片不合格现象明细表》上分别记录数量。

• 观察硅片是否有翘曲现象，翘曲表现为硅片放在平面上成弧形或是一叠硅片并拢后容易散开。如有，则要把硅片放在大理石平面上，用塞尺测量其翘曲度，将翘曲度超标片分别放置，在《硅片不合格现象明细表》上记录数量。

● 逐片检验硅片，将碎片、缺角、崩边、裂纹、针孔、污物、微晶（特指多晶硅片）等不合格品单独挑出，分别存放，并在《硅片不合格现象明细表》上记录。

● 逐片计数该盒中合格片数量及各类不合格片数量，并核对总数与硅片外包装标识数量是否一致。如有缺片现象，则必须记录相对应的盒号、箱号、晶体编号以及对方检验员号。

● 把硅片整理整齐，重新放入泡沫盒内，最后在硅片两侧放入泡沫垫板保护，盖上泡沫盒，用封箱带把盒子封好，在泡沫盒的上方记录包装内的实际数量，下半部分盖上自己的检验工号或在合格证上写上检验工号。

● 将所有检验完毕的硅片盒放在推车上，贴好标识，绿色标签上填写供应商、批次等信息。

（d）抽片预投

● 硅片预投具体事项参见《硅片预投工作流程》。

● 抽取预投片后，分别填写《合格硅片入库报告》和《预投硅片入库报告》，并安排好入库，等待预投。

● 计算方法或说明：平均效率大于 13.0% 的所有电池片的平均效率

$$碎片率＝碎片总数/总投片数$$

G 合格率为效率低于 13.0% 的电池片所占的比例

$$合格率＝流出合格电池片总数/总投片数$$

（e）合格的判定　根据硅片的检验及预投结果，判定该批次来料是否合格，并及时将结果反馈至供应链管理部及制造工艺部。

（f）收、退货

● 将各类检验结果汇总，填写《进料检测报告》《供货质量信息反馈单》，按检验结果将片源分类，把入库单和不合格片、合格片同时交给仓库，由仓库管理人员进行现场核对。

● 将审批的《进料检测报告》《供货质量信息反馈单》交至采购人员确认，由采购人员负责对外沟通。采购人员对不合格硅片做相对应的处理。

d. 硅片分类　A 级、B 级、C 级和特采片。

③ 注意事项

a. 硅片检验过程中，按照检验标准分类，并分别入库。

b. 硅片检验结果只要其中一项达不到合格标准的，记为 C 级片（不合格片）。对于不合格信息，及时反馈采购人员，由供应链管理部根据实际采购情况确定是否办理不合格品会审。

c. 批量预投结果应在工艺稳定的条件下完成；如有异常，需做二次预投；如因各类原因导致跟踪错误，需重新跟踪；工艺异常情况的判定由制造工艺部负责，必要时可咨询相关技术专家、领导。

d. 同批次、不同切片厂家、不同电阻率、不同厚度的硅片应分别放置、分别检验、分别入库。

e. 鉴于本抽样方法不能完全拦截不合格品，在生产过程中发现异常应及时联系品质部、工艺部处理。

思考题

1. 调研主原料链、辅料链、装备链、服务链，分别是进行调研，整理成报告，并给出参考文献。

2. 对太阳电池单二极管等效电路模型进行电路分析。

3. 对给定硅片根据相应标准进行分档。

4. 硅锭与硅片未来 3～5 年的发展趋势是怎样的？

模块 2

硅片清洗制绒

📖 **知识目标**

① 了解硅片清洗和制绒原理和方法。
② 了解硅片表面陷光原理。
③ 掌握硅片制绒工艺流程规范。
④ 掌握清洗制绒生产检测标准。

🚩 **技能目标**

① 根据化学品的特性，选取溶剂清洗硅片。
② 能够按照企业规范进行制绒生产操作。
③ 能够按照企业规范进行清洗制绒设备的维护与保养。
④ 能够进行常见制绒设备的故障及处理操作。
⑤ 能够完成制绒的返工作业（视力测试合格者）。

2.1 硅片清洗原理与技术

2.1.1 硅片表面清洗原理

硅片的表面处理是制造晶体硅太阳电池的第一步主要工艺，包括硅片的化学清洗和表面腐蚀。

（1）硅片制备太阳电池前的表面状态

硅片内部的原子排列整齐有序，每个 Si 原子的 4 个价电子与周围原子的价电子结合构成共价键结构。但是经过切割工序后，硅片表面垂直切片方向的共价键遭到破坏而成为悬空键，这种不饱和键处于不稳定状态，具有可以俘获电子或其他原子的能力，以减低表面能，达到稳定状态。当周围环境中的原子或分子趋近晶片表面时，受到表面原子的吸引力，容易被拉到表面，在硅晶片表面富集，形成吸附，从而造成污染。

理想表面实际是不存在的。实际的硅片表面一般包括3个薄层：加工应变层、氧化层和吸附层，在这三层下面才是真正意义上的晶体硅。对于太阳能用硅片来说，加工应变层是指在线切割工艺时所产生的应变区，氧化层指新切出的表面与大气接触造成的氧化薄膜，厚度在几纳米到几十纳米之间，和留置在空气中的时间有关，这也是切割后的硅片如果不能马上进入下一工序，要尽快浸泡到纯水中的原因。硅片表面的最外层即为吸附层，是氧化层与环境气氛的界面，吸附一些污染杂质。这些沾污可以分为分子、离子、原子或者分为有机杂质、金属和粒子。图2-1为硅片表面污染示意。

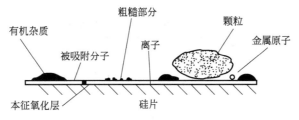

图2-1　硅片表面污染示意图

在硅片加工过程中，所有与硅片接触的外部媒介，都是硅片沾污杂质的可能来源。硅片经过切片、倒角、双面研磨、抛光等不同的工序加工后，其表面受到严重的沾污。可能的污染物杂质可以分为三类：

① 油脂、松香、蜡、环氧树脂、聚乙二醇等有机物质；

② 金属、金属离子及各种无机化合物；

③ 尘埃以及其他颗粒，如硅、碳化硅等。

（2）硅片清洗的常用方法分析

硅片清洗的目的在于清除硅片表面所有的微粒、金属离子及有机物等沾污。此外，需要去除机械损伤层以及氧化层。

① 颗粒污染去除　硅片表面的颗粒大小可以从非常大（$50\mu m$）变化到小于$1\mu m$。小的颗粒受到两个引力问题：范德华力，是一种分子间作用力，在化学清洗中为一个原子的电子和另一个原子的核之间形成的很强的原子间吸引力；毛细作用力，产生了颗粒与表面之间形成的液体桥。表2-1列出了硅片各种颗粒的去除方法。

表 2-1　硅片各种颗粒的去除方法

颗粒大小	吸引力	清洗方法
大颗粒	—	化学浸泡＋清水冲洗
小颗粒	范德华力	硅片移动速度，pH值，电解质浓度；表面活性剂，氮气枪
小颗粒	毛细作用引力	表面活性剂，超声波，氮气枪
微小颗粒	—	机械式晶片表面洗刷器；去离子水＋表面活性剂等
小颗粒	范德华力	高压水冲洗；可添加小剂量表面活性剂

② 有机残余物去除　使用"结构类似相溶"经验规则，使用有机溶剂溶解硅片表面有机物。使用"氧化还原反应"原则，使用强氧化剂，使一些低价化合物氧化成高价化合物，使一些难溶物质发生氧化，而转变成可溶物质。表2-2列出了有机残余物的去除方法。

表 2-2　有机残余物的去除方法

名称	成分	清洗方法
有机残余物	含碳化合物	溶液浸泡（丙酮、乙醇等）
有机残余物	含碳化合物	硫酸,硫酸＋过氧化氢,臭氧添加剂等

③ 金属离子去除　金属离子沾污,必须采用化学的方法才能清洗。硅片表面金属杂质沾污有两大类：沾污离子或原子通过吸附分散附着在硅片表面；带正电的金属离子得到电子后附着（如"电镀"）到硅片表面。表 2-3 列出了各种金属离子的去除方法。

表 2-3　各种金属离子的去除方法

化学品	利用特性	可以去除	不能去除
HCl	强酸性	铝、镁等活泼金属及其氧化物	铜、银、金等不活泼金属以及二氧化硅等物质
H_2SO_4	强酸性,强氧化性	铝、镁等活泼金属以及铜、银等不活泼活泼金属	金、二氧化硅等物质
HNO_3	强酸性,强氧化性	铝、镁等活泼金属以及铜、银等不活泼活泼金属	金、二氧化硅等物质
王水（HCl∶HNO_3＝3∶1）	强酸性,极强氧化性	可以溶解活泼金属以及几乎所有的不活泼金属	二氧化硅等物质
H_2O_2	强氧化性	低价金属化合物（如 $FeCl_2$）	
HF	弱酸性	溶解大多数金属,可以溶解二氧化硅	铂、铜、铅、金等金属

④ 氧化层的去除　硅片氧化层的来源主要有两种方式：硅片放置于空气中会产生氧化；在有氧存在的加热化学品清洗池中浸泡。

去除硅的氧化层,使用氢氟酸（HF）与 H_2O_2 的混合溶液,溶液强度可以从1∶100到7∶10。HF 酸溶解二氧化硅的化学反应如下：

$$SiO_2 + 4HF \longrightarrow SiF_4 \uparrow + 2H_2O$$

HF 可以与二氧化硅作用产生易挥发的四氟化硅气体,若 HF 过量,反应生成的四氟化硅会进一步与 HF 反应生成可溶的络合物六氟化硅酸：

$$SiF_4 + 2HF \longrightarrow H_2[SiF_6]$$

总的反应式：

$$SiO_2 + 6HF \longrightarrow H_2[SiF_6] + 2H_2O$$

⑤ 机械损伤层的去除　硅片在机械切片后,表面留下平均为 $30 \sim 50 \mu m$ 厚的损伤层（图 2-2）。需要进行表面腐蚀,去除损伤层。腐蚀液有酸性和碱性两类。

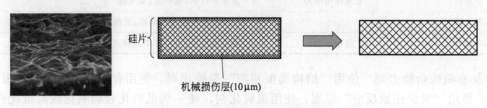

硅片

机械损伤层(10μm)

图 2-2　去除硅片表面机械损失层

a. 酸性腐蚀 酸性腐蚀后生成的络合物六氟硅酸溶于水，通过调整硝酸和氢氟酸的比例，溶液的温度可控制腐蚀速度，如在腐蚀液中加入醋酸作缓冲剂，可使硅片表面光亮。一般酸性腐蚀液的配比为：

硝酸 ：氢氟酸 ：醋酸 ＝ 5：3：3 或 5：1：1

b. 碱性腐蚀 硅可与氢氧化钠、氢氧化钾等碱的溶液起作用，生成硅酸盐并放出氢气，化学反应为：

$$Si + 2KOH + H_2O = K_2SiO_3 + 2H_2 \uparrow$$

由于经济上的考虑，通常用较廉价的 KOH 溶液。图 2-3 为 100℃下不同浓度的 KOH 溶液对（100）晶向硅片的腐蚀速度。碱腐蚀的硅片表面虽然没有酸腐蚀光亮平整，但制成的电池性能完全相同。碱腐蚀液

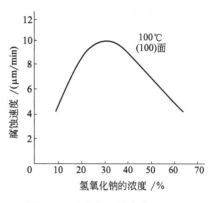

图 2-3 硅片在不同浓度 NaOH 溶液中的腐蚀速度

由于成本较低，对环境污染较小，是比较理想的硅表面腐蚀液。碱腐蚀可以用于硅片的减薄技术，制造薄型硅太阳电池。

（3）硅片清洗原则

① 在去除表面污染物的同时，不会刻蚀或损害硅片表面。

② 生产配置上安全，经济。

③ 不影响硅片的表面粗糙度。

④ 不影响硅片的电特性。

2.1.2 RCA 清洗技术

RCA 标准清洗法是 1965 年由 Kern 和 Puotinen 等人，在 N. J. Princeton 的 RCA 实验室首创，是一种典型的、至今仍为最普遍使用的湿式化学清洗法。目前使用的 RCA 清洗大多包括四步，即先用含硫酸的酸性过氧化氢进行酸性氧化清洗，再用含氨的弱碱性过氧化氢进行碱性氧化清洗，接着用稀的氢氟酸溶液进行清洗，最后用含盐酸的酸性过氧化氢进行酸性氧化清洗。在每次清洗中间都要用超纯水（DI 水）进行漂洗，最后再用低沸点有机溶剂进行干燥。根据实际的清洗情况，工艺有稍许差异。

下面以 IC 行业硅片常规 RCA 清洗工艺进行分析说明（图 2-4）。

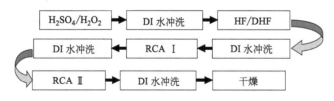

图 2-4 IC 行业硅片常规 RCA 清洗工艺

（1）H_2SO_4/H_2O_2 清洗

作用：硫酸、过氧化氢溶液通过氧化作用对有机薄膜进行分解，从而完成有机物去除。清洗过程中，金属杂质不能去除，继续残留在硅片表面或进入氧化层。

溶液配比：$H_2SO_4(98\%)$ ：$H_2O_2(30\%)$ ＝（2：1）～（4：1）。

清洗方法：将溶液温度加热到 100℃ 以上（130℃），将硅片置于溶液中，浸泡 10～15min，浸泡后的硅片先用大量去离子冲洗，随后采用 HF 进行清洗。

(2) HF 和 DHF 清洗

作用：去除硅表面氧化物，清洗后的表面形成 Si-H 键荷层。

配制方法：40％HF 与去离子水（DI 水）以 1：10～1：1000 比例混合。当比例为 1：50～1：1000 时，溶液又成为 DHF。

清洗方法：室温条件下，将硅片置于酸液中浸泡 1min 至数分钟。

(3) RCA I 清洗

作用：去除硅片表面有机物薄膜及其他表面杂质和表面黏附的微粒。

配制方法：DI 水：NH_4OH(30％)：H_2O_2(30％)=(5：1：1)～(5：2：1)

清洗方法：把溶液温度控制在 70～90℃，将硅片置于溶液中浸泡 10～20min。

作用机理：有机物薄膜主要是通过 H_2O_2 的氧化以及 NH_4OH 的溶解而得以去除。在高的 pH 条件下（如 10、11），H_2O_2 是很强的氧化剂，使硅片表面发生氧化，而与此同时，NH_4OH 则慢慢地溶解所产生的氧化物。正是这种氧化-溶解、再氧化-再溶解的过程，SC I 洗液逐渐去除硅片表面的有机薄膜，硅片表面杂质微粒的去除也是基于这种原理。

SC I 洗液还能去除硅片表面的部分金属杂质，如 I B 族、II B 族及 Au、Cu、Ni、Cd、Co 和 Cr 等。金属杂质的去除，是通过金属离子与 NH_3 形成络合物的形式去除。

经 SC I 洗液处理，硅片的表面粗糙度并不会得到改善。降低洗液中 NH_4OH 的含量，可以在保证清洗效果的同时，提高硅片表面的光滑程度。通过超声处理，可以增强洗液对微粒的去除能力，同时，对硅片表面粗糙度的改善也具备一定的促进作用，而这种促进作用在洗液温度较高时更为明显。

(4) RCA II 清洗

作用：去除硅片表面的金属杂质，主要是碱金属离子以及在 SC I 清洗过程中没有去除的金属杂质离子。

洗液的配置：HCl(37％)：H_2O_2(30％)：DI 水=(1：1：6)～(1：2：8)

清洗方法：保持溶液温度在 70～85℃，硅片在溶液中浸泡 10～20min。

作用机理：SC II 洗液并不能腐蚀氧化层以及硅，经 SC II 洗液处理，会在硅片表面产生一层氢化氧化层。SC II 洗液尽管可以有效去除硅片中的金属杂质离子，但是它并不能使硅片的表面粗糙程度得到改善，相反地，由于电位势的相互作用，硅片表面的粗糙程度将变得更差。

与 SC I 洗液中 H_2O_2 的分解由金属催化不同，在 SC II 洗液中 H_2O_2 分解非常迅速，在 80℃下，约 20min，H_2O_2 就已全部分解。只有在硅片表面含有金等其他贵重金属元素时，H_2O_2 的存在才非常必需。

(5) DI（De-Ionized）水清洗

作用：在常规 RCA 清洗过程中，在室温下，利用超净高阻的 DI 水对硅片进行冲洗是十分重要的步骤。

在常规 RCA 清洗过程中，在前一个步骤完成后，进行第二个步骤前，都需要用去离子水对硅片进行清洗，一个作用是冲洗硅片表面已经脱附的杂质，另外一个作用是冲洗掉硅片表面的残余洗液，防止对接下来的洗液产生负面影响。

(6) 硅片的烘干

硅片清洗的最后一个步骤就是硅片的烘干。烘干的目的主要是防止硅片再污染及在硅片表面产生印记。

仅仅在去离子水冲洗后，在空气中风干是远远不够的。一般可以通过旋转烘干，或通过热空气或热氮气使硅片变干。另外的方法是通过在硅片表面涂拭易于挥发的液体，如异丙醇等，通过液体的快速挥发来干燥硅片表面。

2.1.3 硅片清洗新技术

随着技术的改进，硅片的清洗有不同的新工艺。图 2-5 给出了两种不同的硅片清洗工艺技术。

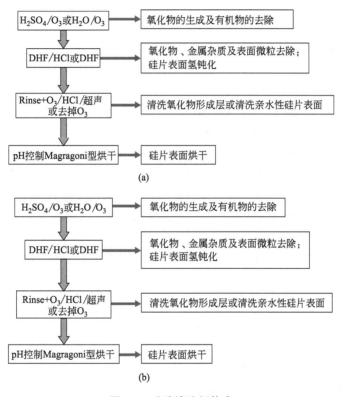

图 2-5　硅片清洗新技术

2.2　表面陷光原理与硅片制绒

2.2.1　表面陷光原理

对晶体硅太阳电池的研究表明，减小硅片的厚度，能有效减小载流子复合速率，从而获得更高的开路电压。但由于晶体硅对入射光的吸收系数较低，减小硅片厚度后，硅片对太阳光的吸收会变少，从而造成电池短路电流的减小。每次光线穿过硅片，就会有部分光线从硅的上表面或下表面透出去，因为完全吸收入射光所需的路径往往大于硅片的实际厚度。为了提高入射光在硅片体内的实际路径长度，光陷阱概念被提出来以增加光的有效光程。

光学损失是阻碍太阳电池效率提高的重要障碍之一。减小太阳电池表面的光反射主要有两种途径：一种是利用减反射薄膜，另一种是将平整的硅片表面织构化，在前表面实现一定形状的几何结构。

硅片表面织构化的方法有多种，如机械刻槽、化学腐蚀和等离子体刻蚀等。机械刻槽、激光刻槽以及利用模板的 RIE 干法刻蚀，可以制成不同的表面花纹，表面反射率可以降得较低，但是所使用的设备比较昂贵，并且在硅的表面会留下比较严重的表面损伤，包括机械损伤、激光烧伤以及离子反应所造成的损伤等。要得到较高的电池效率，必须用化学方法去除损伤，但是去除损伤之后，硅片表面的反射率均有不同程度的提高，从而削弱了制绒的效果。综合考虑各种因素，在工业生产中这些方法使用较少，化学腐蚀制绒由于成本低廉，在工业生产中占主导地位。

2.2.2　制绒原理

(1) 制绒原理

为了提高太阳电池的性能，常常在硅片表面制作绒面，有效的绒面结构使得入射光在其表面多次反射和折射，可以增加光的吸收率。

绒面电池比光电池的反射损失小，制绒前后电池的反射率对比如图 2-6 所示。绒面结构的陷光原理，即入射光在绒面表面多次折射，改变了入射光在硅中的前进方向，不仅延长了光程，增加了对红外光子的吸收率，而且有较多的光子在靠近 p-n 结附近产生光生载流子，增加了光生载流子的收集概率，如图 2-7 所示。光线在硅片表面撞击的次数取决于沟槽结构与硅片表面所成的夹角。有分析认为，当夹角介于 30°～54°时，入射光能有两到 3 次的撞击次数。在同样尺寸的基片上，绒面电池的 p-n 结面积比光面电池大得多，因而可以提高短路电流，转换效率也相应提高。

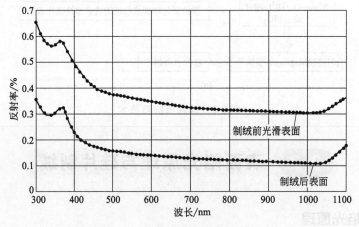

图 2-6　制绒前后反射率对比图

(2) 化学法制绒

制绒按工艺不同可分为碱制绒和酸制绒。

① 单晶硅制绒-各向异性腐蚀机理　碱性溶液对单晶硅的不同晶面有不同的腐蚀速率（各向异性腐蚀），对 (100) 面腐蚀快，对 (111) 面腐蚀慢。如果将 (100) 作为电池的表面，经过腐蚀，在表面会出现以 (111) 面形成的锥体密布表面（金字塔状）（图 2-8），称为

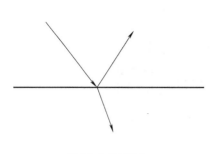 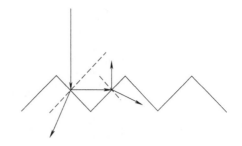

裸硅片表面光路图   制绒后硅片表面光路图

图 2-7   陷光原理

表面织构化：

$$Si + 2NaOH + H_2O \longrightarrow Na_2SiO_3 + 2H_2 \uparrow$$

根据文献报道，在较低浓度下，硅片腐蚀速率差异最大可达 $V_{(110)}$: $V_{(100)}$: $V_{(111)} = 400$: 200 : 1。尽管 NaOH（KOH）、Na_2SiO_3、IPA（或乙醇）混合体系制绒在工业中的应用已有近 20 年，但制绒过程中各向异性腐蚀以及绒面形成机理解释仍存争议。

② 多晶硅制绒-各向同性腐蚀机理　多晶硅表面的晶向是随意分布的，单晶硅制绒时采用的碱性溶液的各向异性腐蚀，对于多晶硅来说并不理想，而且碱性腐蚀液对多晶硅表面不同晶粒之间的反应速度不一样，会产生台阶和裂缝，不能形成均匀的绒面。

图 2-8   单晶硅片表面金字塔结构

近几年对多晶硅制绒的方法，已经开始应用于大规模生产的主要有酸腐蚀法、活性离子刻蚀法、机械刻槽法和激光刻槽法等。

酸腐蚀法的工作原理，也是利用某些化学腐蚀剂对硅片表面进行腐蚀而形成绒面，常用一定比例的 HF+HNO₃ 酸混合溶液。这种腐蚀方法一般对硅的不同晶面有相同的腐蚀速度，因此也称为各向同性腐蚀法。但在多晶硅制绒的腐蚀过程中，要将温度控制在 5~10℃ 的低温，这种各向同性的腐蚀速度会降低，但能在切片造成的表面损伤（微裂纹）方向保持较高的腐蚀速度，从而将表面的损伤加深，加宽形成绒面。一般多晶硅晶向是任意分布的，经过腐蚀后，在表面会出现不规则的凹坑形状。这些凹坑，像小虫一样密布于电池表面，显微镜下看来，好像是一个个椭圆形的小球面，即为"绒面"，如图 2-9 所示。

（3）其他多晶硅制绒技术

① 活性离子刻蚀法　活性离子刻蚀法是采用无应力的干法刻蚀来实现在多晶硅表面织构化的，该方法为一种无掩膜腐蚀工艺。通过调节射频功率、气体流量及反应压力等，来控制形成多晶硅表面类金字塔结构的速度及绒面高度等。所形成的绒面反射率特别低，在 450~1000μm 光谱范围内的反射率可小于 2%。仅从光学的角度来看，是一种理想的方法，但存在的问题是硅表面损伤严重，电池的开路电压和填充因子出

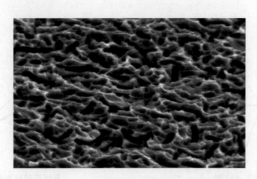

图 2-9　多晶硅片表面绒面结构

现下降。

　　② 机械刻槽法　机械刻槽法是在多晶硅表面用多个刀片同时刻出 V 形槽来减少光学反射。

　　③ 激光刻槽法　激光刻槽法则是利用激光来熔化硅，形成表面织构以达到陷光的目的。这种方法可在多晶硅表面制作倒金字塔结构，在 $500 \sim 900nm$ 光谱范围内，反射率为 $4\% \sim 6\%$，与表面制作双层减反射膜相当。而在（100）面单晶硅化学制作绒面的反射率为 11%。用激光制作绒面，比在光滑面镀双层减反射膜层（ZnS/MgF_2）电池的短路电流要提高 4% 左右，这主要是长波光（波长大于 $800nm$）斜射进入电池的原因。激光制作绒面的问题是，在刻蚀中表面会造成损伤，同时也引入了一些杂质，要通过化学处理去除表面损伤层。这种方法制作的太阳电池通常短路电流较高，但开路电压不太高，主要原因是电池表面积增加，使总表面复合率有所提高。

　　④ 多晶硅湿法黑硅制绒技术

2.3　清洗制绒工艺流程

2.3.1　清洗制绒工艺的作用

　　根据技术的发展程度，目前产业化的硅片的清洗和制绒工艺均采用化学法。企业通常将硅片的清洗和制绒归为同一道工序。清洗制绒作为太阳电池生产中的第一道工序，其主要作用有两个：

　　① 去除硅片表面的杂质损伤层，清除表面的油污和金属杂质，损伤层是在硅片切割过程中形成的表面（$10\mu m$ 左右）晶格畸变，具有较高的表面复合；

　　② 形成陷光绒面结构，光线照射在硅片表面，通过多次折射，达到减少反射率的目的。

单晶硅太阳电池
清洗制绒工艺概述

2.3.2　单晶硅清洗制绒工艺

（1）单晶硅片清洗制绒工艺

单晶硅清洗制绒工艺流程如图 2-10 所示。

图 2-10　单晶硅片清洗制绒工艺流程

① 预清洗的方法

a. 10％NaOH，78℃，50s。

b. （a）1000g NaOH，65～70℃（超声，可选），3min；

　（b）1000g Na_2SiO_3＋4L IPA，65℃，2min。

$$2NaOH + Si + H_2O \longrightarrow Na_2SiO_3 + 2H_2$$
$$SiO_3^{2-} + 3H_2O \longrightarrow H_4SiO_4 + 2OH^-$$

② 预清洗的原理

a. 10％NaOH，78℃，50s　利用浓碱液在高温下对硅片进行快速腐蚀。损伤层存在时，采用此种工艺，硅片腐蚀速率可达 5μm/min；损伤去除完全后，硅片腐蚀速率约为 1.2μm/min。经腐蚀，硅片表面脏污及表面颗粒脱离硅片表面进入溶液，从而完成硅片的表面清洗。

经 50s 腐蚀处理，硅片单面减薄量约 3μm。采用上述配比，不考虑损伤层影响，硅片不同晶面的腐蚀速率比为（110）∶（100）∶（111）＝25∶15∶1，硅片不会因各向异性产生预出绒，从而获得理想的预清洗结果。

b. 利用 NaOH 腐蚀配合超声对硅片表面颗粒进行去除　通过 SiO_3^{2-} 水解生成的 H_4SiO_4（原硅酸），以及 IPA，对硅片表面有机物进行去除。

③ 单晶硅制绒工艺　NaOH、Na_2SiO_3、IPA 混合体系进行硅片制绒。

a. 配比要求：NaOH 浓度 0.8％～2％（质量）；Na_2SiO_3 浓度 0.8％～2％（质量）；IPA 浓度 5％～8％（体积）。

b. 制绒时间：25～35min，制绒温度 75～90℃。

c. 绒面一般要求：制绒后，硅片表面无明显色差；绒面小而均匀。

图 2-11 为单晶绒面显微结构。

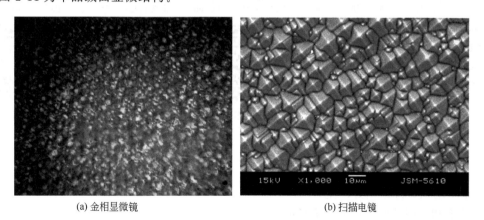

(a) 金相显微镜　　　　　　　　　　(b) 扫描电镜

图 2-11　单晶绒面显微结构

（2）单晶硅清洗制绒设备

设备架构：槽式制绒设备，分为制绒槽、水洗槽、喷淋槽、酸洗槽等。

设备特点：可根据不同清洗工艺配置相应的清洗单元；清洗功能单元模块化，各部分有独立的控制单元，可随意组合；结构紧凑，净化占地面积小，造型美观、实用，操作符合人机工程原理。

图 2-12 为单晶硅清洗制绒设备的结构，表 2-4 为清洗制绒设备各槽的作用与工艺参数。

操作方向

→

| 上片 | 水槽 | 水槽 | 制绒槽 | 制绒槽 | 水槽 | HCl槽 | 水槽 | HF槽 | 水槽 |

图 2-12　单晶硅清洗制绒设备的结构

表 2-4　清洗制绒设备各槽的作用与工艺参数

槽号	1#	2#	3#	4#	5#	6#	7#	8#	9#
作用	去杂质颗粒	去杂质颗粒	形成金字塔绒面	形成金字塔绒面	去除碱液	去除金属杂质	去除酸液	使硅片更易脱水	去除酸液
溶液	纯水	纯水	IPA、添加剂、NaOH	IPA、添加剂、NaOH	纯水	盐酸	纯水	氢氟酸	纯水
温度/℃	60	60	78	78	常温	常温	常温	常温	常温
时间/s	300	300	900	900	180	180	180	180	180
辅助	超声,可选		鼓泡	鼓泡	喷淋	—	喷淋	—	—

单晶硅太阳电池清洗制绒- Rena设备介绍

单晶硅太阳电池清洗制绒——上料

单晶硅太阳电池清洗制绒——HF-HCl clean

单晶硅太阳电池清洗制绒——Pscl

单晶硅太阳电池清洗制绒——Rinse1

单晶硅太阳电池清洗制绒—Rinse2

单晶硅太阳电池清洗制绒—Rinse3

单晶硅太阳电池清洗制绒—SDR

单晶硅太阳电池清洗制绒—Texture槽

单晶硅太阳电池清洗制绒—烘干

（3）单晶硅清洗制绒工艺影响因素分析

① 绒面形成机理

a. 金字塔从硅片缺陷处产生。

b. 缺陷和表面沾污造成金字塔形成。

c. 化学反应产生的硅水合物不易溶解，从而导致金字塔形成。

d. 异丙醇和硅酸钠是产生金字塔的原因。

硅对碱的择优腐蚀是金字塔形成的本质，缺陷、沾污、异丙醇及硅酸钠含量会影响金字塔的连续性及金字塔大小。

② 绒面形成最终取决于两个因素：腐蚀速率及各向异性。

腐蚀速率快慢的影响因子：腐蚀液流至被腐蚀物表面的移动速率；腐蚀液与被腐蚀物表面产生化学反应的反应速率；生成物从被腐蚀物表面离开的速率。

③ 具体影响因子　NaOH浓度、溶液温度、异丙醇浓度、制绒时间、硅酸钠含量、槽体密封程度、异丙醇挥发、搅拌及鼓泡。

NaOH对硅片反应速率有重要影响。制绒过程中，由于所用NaOH浓度均为低碱浓度，随NaOH浓度升高，硅片腐蚀速率相对上升。与此同时，随NaOH浓度改变，硅片腐蚀各向异性因子也发生改变，因此，NaOH浓度对金字塔的角锥度也有重要影响。图2-13为NaOH浓度对绒面形貌影响的示意图。

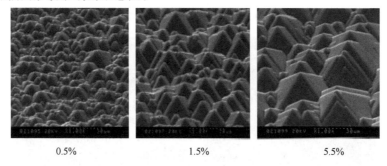

| 0.5% | 1.5% | 5.5% |

图2-13　NaOH浓度对绒面形貌影响示意图［85℃，30min，IPA 10％（V）］

温度过高，IPA挥发加剧，晶面择优性下降，绒面连续性降低；同时腐蚀速率过快，控制困难；温度过低，腐蚀速率过慢，制绒周期延长。制绒温度范围：75～90℃。图2-14为制绒温度的影响。

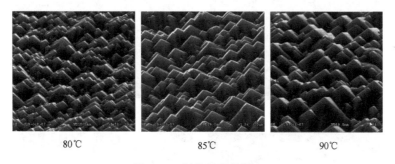

| 80℃ | 85℃ | 90℃ |

图2-14　制绒温度的影响

IPA影响：降低硅片表面张力，减少气泡在硅片表面的黏附，使金字塔更加均匀一致；气泡直径、密度对绒面结构及腐蚀速率有重要影响。气泡的大小及在硅片表面的停留时间，与溶液黏度、表面张力有关，所以需要异丙醇来调节溶液黏滞特性。

图2-15为气泡对制绒的影响。

除改善消泡及溶液黏度外，也有报道指出IPA将与腐蚀下的硅生成络合物而溶于溶液。图2-16为IPA对制绒的影响。

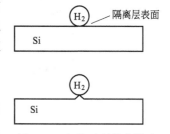

图2-15　气泡对制绒的影响

时间影响：制绒包括金字塔的形核及长大过程，因此制绒时间对绒面的形貌及硅片腐蚀量均有重要影响。图2-17为时间对制绒的影响。

经去除损伤层，硅片表面留下了许多浅的准方形腐蚀坑。1min后，金字塔如雨后春笋，零星地冒出了头；5min后，硅片表面基本被小金字塔覆盖，少数已开始长大，我们称绒面形

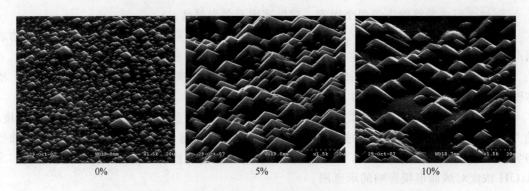

0%　　　　　　　　　5%　　　　　　　　　10%

图 2-16　IPA 对制绒的影响

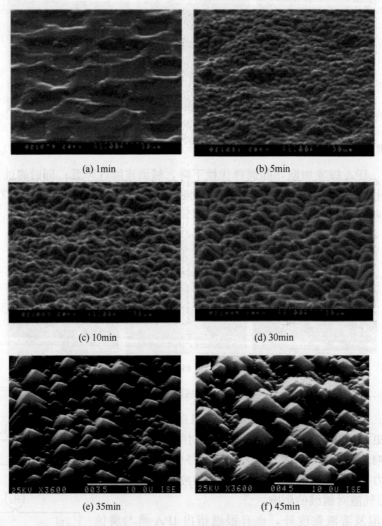

(a) 1min　　　　　　　　　　　(b) 5min

(c) 10min　　　　　　　　　　(d) 30min

(e) 35min　　　　　　　　　　(f) 45min

图 2-17　时间对制绒的影响

成初期的这种变化为金字塔"成核"。10min 后，密布的金字塔绒面已经形成，只是大小不均匀，反射率也降到了比较低的水平。随时间延长，金字塔向外扩张兼并，体积逐渐膨胀，尺寸趋于均匀。随制绒时间进一步延长，绒面结构均匀性反而下降，如图 2-17（e）、（f）所示。

　　硅酸钠具体含量测量是没必要的，只要判定它的含量是否过量即可。实验用浓盐酸滴定，若滴定一段时间后出现少量絮状物，说明硅酸钠含量适中；若滴定开始就出现一团胶状固体且随滴定的进行变多，说明硅酸钠过量。相对而言，制绒过程中，硅酸钠含量具有很宽的窗口。实验证实，初抛液硅酸钠含量不超过30%（质量），制绒液硅酸钠含量不超过15%（质量），均能获得效果良好的绒面。尽管如此，含量上限的确定需根据实际生产确认。

槽体密封程度、异丙醇挥发对制绒槽内的溶液成分及温度分布有重要影响。制绒槽密封程度差，导致溶液挥发加剧。溶液液位的及时恢复非常必要，否则制绒液浓度将会偏离实际设定值。异丙醇的挥发，增加化学药品消耗量的同时，绒面显微结构也将因异丙醇含量改变发生相应变化。

搅拌及鼓泡有利于提高溶液均匀度。制绒过程中附加搅拌及鼓泡，硅片表面的气泡能得到很好的脱附。制绒后的硅片表面显微结构表现为绒面连续，金字塔大小均匀。但搅拌及鼓泡会略加剧溶液的挥发，制绒过程硅片的腐蚀速率也略为加快。

（4）绒面不良分析及改进

单晶制绒基本要求：损伤层去除完全；绒面连续均匀；反射率低；无色差。如图2-18所示。

图2-18 制绒良品典型外观及扫描电镜图谱

① 油污片（图2-19）

原因：来料问题，硅片切割后表面清洗工作未做好；包装过程胶带接触硅片导致沾污。

解决方法：与硅片厂商协商解决。条件允许的前提下，适当选用有机洗剂或其他能有效去油污的清洗方法进行清洗。

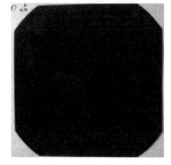

图2-19 油污片　　　　　　　　　图2-20 指纹片

② 指纹片（图2-20）

原因：人为与硅片直接接触，可能源于厂家及前道工序，如来料检、插片等。

解决方法：采用硅酸钠配合IPA能适当改善，但不能根治。根本解决需从源头做起，包括与厂家的合作及自身前道工序的控制。

③ 发白片（图 2-21）

原因：制绒时间不够，硅片制绒温度偏低。

解决方法：适当延长制绒时间，提高制绒温度。

④ 发亮片（图 2-22）

原因：氢氧化钠过量，或者是制绒时间过长。

解决方法：适当降低氢氧化钠用量或者缩短制绒时间。

　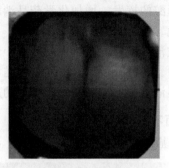

图 2-21　发白片　　　　　　　图 2-22　发亮片

⑤ 雨点片（图 2-23）

原因：制绒过程中 IPA 不足，硅片表面气泡脱附不好。

解决方法：提高溶液中 IPA 的含量，可以从初配开始，也可以在过程中补加完成。

图 2-24 为挂碱片。

图 2-23　雨点片　　　　　　　图 2-24　挂碱片

2.3.3　多晶硅清洗制绒工艺

(1) 多晶硅片清洗制绒工艺（图 2-25）

领料 → 上片 → 制绒 → 水洗 → 碱洗 → 水洗 → 酸洗 → 水洗 → 吹干

图 2-25　多晶硅片清洗制绒工艺流程

由于多晶硅片由大小不一的多个晶粒组成，多晶面的共同存在导致多晶制绒不能采用单晶的各向异性碱腐蚀方法完成。

已有研究的多晶制绒工艺有高浓度酸制绒、机械研磨、喷砂、线切、激光刻槽、金属催化多孔硅、等离子刻蚀等。但综合成本及最终效果，当前工业中主要使用的多晶制绒方法为高浓度酸制绒。线上工艺均为 HNO_3、HF、DI 水混合体系。

常用的两个溶液配比大致如下：

HNO_3：HF：DI 水 = 3：1：2.7

HNO_3：HF：DI 水 = 1：2.7：2

制绒温度 6~10℃，制绒时间 120~300s。反应方程式：

$$HNO_3 + Si \longrightarrow SiO_2 + NO_x + H_2O$$
$$SiO_2 + 6HF \longrightarrow H_2[SiF_6] + 2H_2O$$

多晶制绒关键点为温度控制及酸液浓度配比控制。

制绒原理

① HNO_3：HF：DI 水 = 3：1：2.7 该配比制绒液与位错腐蚀 Dash 液的配比基本一致，反应原理也一致，即利用硅片在缺陷或损伤区以更快的腐蚀速率来形成局部凹坑。同时，低温反应气泡的吸附，也是绒面形成的关键点。

由于 Dash 溶液进行缺陷显示时，反应速率很慢，因此，进行多晶制绒时，需提高硅片的腐蚀速率（通常通过降低溶液配比中水的含量完成）。

② HNO_3：HF：DI 水 = 1：2.7：2 该配比制绒液利用硅片的染色腐蚀。染色腐蚀是指在电化学腐蚀过程中，硅片的反应速率受硅片基体载流子浓度影响很大。载流子浓度差异导致硅片腐蚀速率产生差异，从而形成腐蚀坑，完成硅片的制绒。

相比上一配比，该配比下硅片腐蚀速率非常快，对制绒过程中温度要求进一步提高。同时，在该工艺下，硅片表面颜色将变得较深。图 2-26 为这两种工艺配比下的绒面照片。

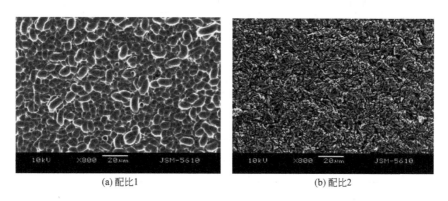

(a) 配比1　　　　　　　　　　　　　(b) 配比2

图 2-26　两种工艺配比下的绒面照片

（2）多晶硅清洗制绒设备

设备架构：链式制绒，槽体根据功能不同分为入料段、湿法刻蚀段、水洗段、碱洗段、水洗段、酸洗段、溢流水洗段、吹干槽。所有槽体的功能控制在操作电脑中完成。图 2-27 为多晶硅清洗制绒设备，图 2-28 为多晶硅清洗制绒设备的结构，表 2-5 为多晶硅清洗制绒设备各槽的作用。

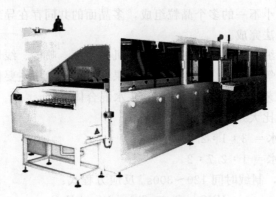

图 2-27   多晶硅清洗制绒设备

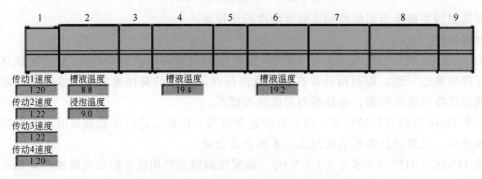

图 2-28   多晶硅清洗制绒设备的结构

表 2-5   多晶硅清洗制绒设备各槽的作用

1#	2#	3#	4#	5#	6#	7#	8#	9#
进料	湿法腐蚀	去离子水清洗	碱洗	去离子水清洗	酸洗	级联冲洗	干燥	下料
作用	腐蚀硅的表面,使其形成多孔结构		去除多孔硅,中和残留酸		去除金属杂质和二氧化硅(二氧化硅具有亲水性,去除二氧化硅使片子更容易脱水吹干)			
参数	1400mm		900mm		1000mm			
	300L	50L	200L	50L	200L	50L×2		
	HF+HNO₃		NaOH		HF+HCl			
	3℃	RT	25℃	RT	RT	RT		

(3) 多晶硅清洗制绒工艺影响因素分析

① 溶液的配比 从 Si 和 HF/HNO₃ 体系的反应机理可以看出,在这个反应中 HF、HNO₃、稀释剂的比例直接影响反应机理,同时也会影响制绒的效果。

硅的腐蚀速率与 HF 及 HNO₃ 配比如图 2-29 所示,存在一个反应速率最大值。

② 温度 温度对氧化反应的影响比较大,对扩散及溶解反应的影响比较小。温度升高,反应速度常数会增大,如果不加以控制,会使反应温度在很短的时间升高很快,反应失控。

③ 反应时间 硅片在溶液中的反应时间同样对其制绒的表面形貌有影响。从图 2-30 可

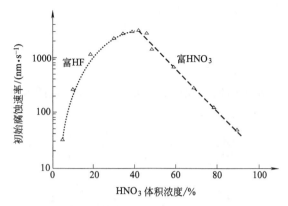

图 2-29　腐蚀速率随硝酸/氢氟酸比例关系的变化

以看出，当反应时间在 30s 时，形成长条形腐蚀坑，宽度为 $5\sim8\mu m$，深度约为 $2.5\mu m$；当反应时间在 60s 时，长条形腐蚀坑逐渐转变为椭圆形，同时反射率下降；当反应时间继续加大时，腐蚀坑逐渐变得平坦，失去减反作用。

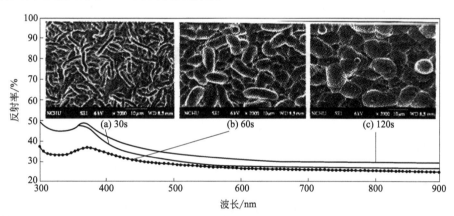

图 2-30　绒面结构及反射率随反应时间的变化

（4）绒面不良分析及改进

多晶制绒基本要求：绒面连续均匀；反射率低；硅片腐蚀量适中。常见不良现象为绒面大小不合适、制绒后硅片反射率高等。图 2-31 为良好的多晶硅绒面。

① 绒面偏小（图 2-32）

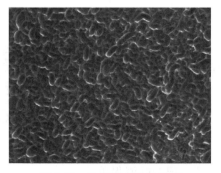

图 2-31　良好的多晶硅绒面

图 2-32　绒面偏小

原因：制绒时间不够；或溶液浓度偏稀。

改善方法：适当延长制绒时间；降低制绒初配时水的比例。

② 绒面大，绒面凹凸不显著（图 2-33）

原因：腐蚀量过大；制绒过程温度偏高。

改善方法：适当缩短制绒时间，观察制绒温度是否在设定的范围内。

图 2-33　绒面大，绒面凹凸不显著

2.4　企业清洗制绒操作与监控

2.4.1　企业清洗制绒操作规范

(1) 过程

生产准备→点检→入片→手动上料及刻蚀→手动下料→检测记录→交付扩散。

① 生产准备

a. 工作时必须穿工作衣、鞋，戴工作帽和两层手套。手套的佩戴：上、下片操作人员必须佩戴两层手套，内层为汗布手套，外层为 PVC 手套，如图 2-34 所示。前清洗上、下片员工必须每 400 片更换一次 PVC 手套。

制绒场景_开机准备

b. 做好工艺卫生。

c. 选择相应规格的假片、片盒。

d. 操作工必须具备前清洗操作上岗证，该上岗证通过考核后发放。

② 点检

a. 检查滚轮间是否存在翘片。

b. 确认设备状态是否为"正常待机"。

图 2-34　手套佩戴

c. 设备/操作台面/货架/地面等符合 5S 要求，保持周围环境符合 5S 要求。

制绒场景_参数调试

③ 入片

a. 工作说明　领取硅片，检查来料是否有不良片，记录好流程单。

b. 工作内容

（a）到仓库领取硅片，拆包，检查来料是否少片。若有，需记录。是否有不良片：缺角、隐裂、破片、气孔片、脏片、线痕片、边长偏小片。若有，通知 QC 处理。

制绒场景_领料检验

（b）将一批硅片（200pcs/批）放入塑料片盒中，登记好流程单上的内容：工艺编号流程表、流程单编号、投产日期、电池生产批号、硅片批号、入料数量、型号、厚度、电阻率、硅片等级、班次、投料时间、机台号。

（c）从每批硅片中抽取 5 片作为测试片，每道抽取 1 片，用天平测量其重量，并记录在腐蚀厚度表中。

（d）将一批硅片运到前清洗机台，待制绒。

（e）卸片结束后，小车返还仓库。

c. 注意事项

（a）领取硅片时，要注意避免硅片盒与硬物碰撞而造成硅片破损。

（b）检查来料时一定要认真检查少片和不良片，否则会影响良品率。

（c）称重时注意不要振动台面。

（d）确保填写数据的真实性和正确性。

④ 手动上料及制绒

a. 工作内容

（a）流 5 片测试片，然后再流正常片。

（b）从片盒里拿取硅片，检查硅片是否有破片、缺角、隐裂、气孔片、脏片、线痕片等不良片。

制绒场景_量产

（c）将不符合要求的硅片作为假片使用，符合要求的硅片分片、分道轻放在 InTex 机台的前滚轮上待制绒，保证每片 2/3 置于滚轮上，1/3 位于滚轮外，且硅片之间的前后距离大于 2cm。放硅片时与滚轮间高度不能超过 5mm（图 2-35）。

b. 上料注意事项

（a）取片数量：30～50 片/次。

（b）拿取硅片指法及力度控制。戴上洁净的手套（内层汗布手套加外层 PVC 手套），将取出的 30～50 片硅片用 PP 瓦楞板垫在底部，轻轻散开成很小角度的扇形后，用大拇指压住硅片上面，用至少 3 个手指托住硅片底部，使整叠硅片表面大概在水平方向牢牢拿在手中，然后每次取一片放在滚轮上。拿取一片硅片放置时，须用拇指、食指和中指拿取硅片侧边的中心，禁止拿取硅片的一角和只用两个手指拿取硅片。拿取硅片时力度要适中，禁止大力捏取硅片。

图 2-35　硅片间距

（c）硅片放在滚轮上的位置。投片（图 2-36）时，将硅片前半端轻轻放在机器前两个滚轮上，禁止拿片的手指越过第一道滚轮放片和把硅片悬空丢在滚轮上。禁止身体任何部位与滚轮接触。禁止身体倚靠、坐在工作台上。上料时禁止用手接触其他物品（尤其是皮肤）。如有接触，立即更换手套。

图 2-36　投片图示

图 2-37　放片间距

（d）放片间距：禁止片间距小于 2cm，以防止粘片，如图 2-37 所示。

（e）偏离轨道校正。发现硅片在滚轮上偏离轨道，要及时用手摆正，禁止用硅片拨动偏离的硅片。

（f）禁止将有裂纹、缺角等缺陷的硅片投入机器。对于有崩边、硅落现象的硅片，应将不合格的一面作为非生产面投入机器。对于不能判定的硅片，及时通知工艺。

⑤ 手动下料

a. 工作内容

制绒场景_下料及
物料转移

（a）检查腐蚀后的硅片是否出现破片、异常片。若破片不严重，收集好作为假片，若破片严重，则收集好处理；异常片则须经工艺和 QC 确定后返工。

（b）若硅片腐蚀正常，则将硅片插入白盒槽中，绒面朝片盒大面，如图 2-38 所示。如腐蚀异常，通知工艺人员处理。

（c）重复此操作，直到收完整批硅片。

b. 下料注意事项

（a）收片盒放置。收片时，收片盒放置方向及位置如图 2-39 所示。收片盒边缘必须放置洁净的衬垫，底部放置洁净的瓦楞板。

（b）拾取硅片。如图 2-40 所示，从滚轮上拾取硅片时，必须一次收取一片，禁止一次将多片叠起后收取，防止硅片摩擦或碰撞。严禁硅片的任何部位与其他硬质物体的碰撞。

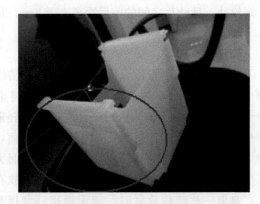

图 2-38　片盒大面

（c）从收片盒转移硅片至承载盒或黑片盒。在前清洗或后清洗，将硅片从收片盒转移至承载盒或黑片盒时，须将收片盒内所有硅片放置齐整后，转移至黑片盒或承载盒中，并防止硅片在转移时抵触黑片盒、承载盒边缘和底部。

（d）承载盒、黑片盒与硅片接触的底部及侧面均须放置洁净的衬垫。放入硅片前，须保证承载盒、黑片盒内部无碎硅片等杂物，如图 2-41 所示。

图 2-39 收片盒放置

图 2-40 收片手法

（e）务必保持佩戴的手套洁净，外层 PVC 手套更换频率为每次/400pcs。作业人员下料时禁止用手接触其他物品（尤其是皮肤），如果接触，须立即更换手套。禁止身体倚靠、坐在工作台。使用吸笔收片时，必须保持吸笔的洁净度，每班接班时使用酒精清洗吸笔。

（f）当下料处硅片有不合格现象时，及时通知工艺人员处理。

⑥ 检测

a.腐蚀厚度检测

（a）量测机台：天平测量硅片重量。

（b）要求：腐蚀重量范围是（0.420±0.057）g；腐蚀深度范围是（3.7±0.5）μm，量测片数：5p/批。

b.反射率检测

（a）量测仪器：反射仪（红色标记为硅片放置处）。

（b）要求：<23%。

（c）量测片数：每次 5 片，每班 2 次，上班后 3 小时内测一次，下班前 3 小时测一次，放入共享文件夹中。

c.脏片检测

（a）目检每一片表面是否有明显的滚轮印、黄斑、水痕等不良情况；如有，收集这些片子等以后一起按返工流程处理，同时通知工艺人员；如单面有滚轮印，则用另一面作为扩散面。

（b）要求：硅片表面没有明显的脏污痕迹。

d.数据输入

（a）前清洗 SPC 统计表：将腐蚀厚度表中的 5 片测试片的腐蚀厚度值拷贝到表中，Excel 自动生成 X-Chart、R-Chart 以及自动判读表。检查自动判读表是否出现红色衬底，如果出现，立即通知工艺人员处理。

（b）制绒产量登记表：copy 模板，在表单内输入流程单号、投入数、产出数、来料不良数，Excel 自动生成投入累计、产出累计、良品率累计；将表单名改为当天的日期，保存表单。

图 2-41 承载盒图示

（c）制绒每小时报表。

（d）来料破片统计表。

e. 注意事项

（a）测量前需确定天平的读数为零。

（b）测量时不要接触测量台。

（c）不同的生产线使用不同的天平，不要交换使用。

（d）一批一测，保证时间的即时性，量测后 10min 内输入 SPC。

（e）确保数据真实性，严禁拷贝或编造数据。

⑦ 交付扩散　每生产完毕一批硅片，由指定的生产人员完成生产流程单的记录，如图 2-42 所示。

a. 在生产过程中，各工艺槽上方的盖板禁止强行打开。图 2-43 为设备盖板。

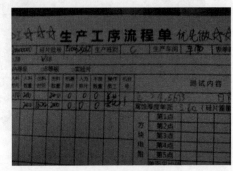

图 2-42　生产工序流程单

图 2-43　设备盖板

b. 在生产过程中，严禁生产人员操作机器电脑控制面板。图 2-44 为电脑控制面板。

图 2-44　电脑控制面板

c. 前清洗后的硅片在填写完毕生产流程单后，第一时间传递到扩散间。前清洗后、扩散前在制产量应保持在扩散 2 个小时的产能以内。

d. 对于主界面上的速度和温度（包括所有的工艺参数、设备参数、药水的补加），生产人员不允许改动，有任何报警，立刻通知设备人员或工艺人员。如果工艺或设备人员对设备参数进行更改，须填写《参数更改记录表》。

e. 前清洗下片处，操作人员随时检查产出硅片的质量，如若出现硅片表面发黄、上表面严重发亮、下表面暗纹严重、表面残留水迹、表面有油污等现象，需立即通知工艺人员。

（2）清洗制绒操作规范注意事项

① 穿好无尘服，戴好双层手套和口罩，避免腐蚀性药液溅到皮肤或眼睛。

② 被药液溅到的紧急处理：在流动的水下冲洗至少 10～15min（直到疼痛感缓解）；保持干燥与清洁；注意观察伤口变化。若伤口严重，须就医治疗。

③ 所有工作人员必须严格遵守工艺规定，严禁越过工艺规范或者不按照工艺规范执行。

④ 在正常生产运行过程中，设备出现任何异常或报警应立即通知设备人员或工艺人员，生产人员需留守一人观察，但禁止操作。

⑤ 不允许将片盒直接放在地面上或与金属直接接触。

⑥ 生产操作人员若发现有除工艺人员、设备人员、生产或 QC 指定人员外的人操作设备，必须立即制止。

⑦ 制绒后的片子在空气中停留的最长时间为 4h，如超过 4h，需进行前清洗返工。

⑧ 设备停机超过 1h，需要流大量假片（至少一批 400 片）。假片的数量标准如下：每道取一片假片至 PECVD，镀膜后没有明显的滚轮印记。

⑨ 停机超过 15min，需冲洗碱槽喷淋口及风刀，防止其被酸碱中和产生的结晶盐堵塞。冲洗时，清洗操作人员需戴好防护用品（如戴上安全眼镜、防护面具、防酸碱围裙、长袖防酸手套），打开 KOH 槽的上盖，用水枪冲洗 KOH 槽喷淋、风刀口，冲洗时间为 4～5min，保证各个道、喷淋、风刀口都用纯水冲到，没有碱溶液残留在滚轮上，冲洗完毕，盖上盖子。此台设备重新开始生产时，须通知工艺人员调整滚轮速度，以便保证相应的腐蚀重量波动不要过大，然后进入正常生产。

⑩ 生产线使用假片规定：规定 400 片为一批。对于完整的假片：每跑一批假片，作业员需抽 10 片测量硅片重量，如果重量低于 5g，则报废此批假片。对于有大缺角的假片，每跑一批假片，作业员需抽 10 片测量硅片重量，如果重量低于 4g，则报废此批假片。

⑪ 对于主界面上的速度和温度（包括所有的工艺参数、设备参数、药水的补加），生产人员不允许改动，有任何异常立刻通知设备或工艺人员。

⑫ 正常生产时，严禁触碰 InTex II-HT 自动机台和 InTex 的急停按钮。急停按钮需做好防护，以防止人员误碰，造成机台急停，在制品产生不良。

⑬ 发生火灾或者爆炸时，快速切断电源，按指定线路逃生。

2.4.2 清洗制绒生产过程监控

在硅片清洗制绒生产过程中，需要对其生产质量做好实时监控。通过硅片腐蚀量和表面反射率的测量，实时监控清洗制绒生产的过程，同时进行工艺调整。

（1）腐蚀厚度检测

① 量测机台　天平测量硅片重量（图 2-45）。

② 要求　腐蚀重量范围是（0.420±0.057）g；腐蚀深度范围是（3.7±0.5）μm。

③ 量测片数　5p/批。

（2）反射率检测

① 量测仪器　反射仪（图 2-46，红色标记为硅片放置处）。

制绒场景_在线
反射率测试

图 2-45　腐蚀量测量　　　　图 2-46　反射率测试仪

② 要求　<23%。

③ 量测片数　5片每次，每班2次，上班后3h内测一次，下班前3h测一次，放入共享文件夹中。

(3) 脏片检测

目检每一片表面是否有明显的滚轮印、黄斑、水痕等不良情况；如有，收集这些片子，等以后一起按返工流程处理，同时通知工艺人员；如单面有滚轮印，则用另一面作为扩散面，要求：硅片表面没有明显的脏污痕迹。

(4) 前清洗 SPC 统计表

将腐蚀厚度表中的5片测试片的腐蚀厚度值拷贝到表中，Excel 自动生成 X-Chart、R-Chart 以及自动判读表。检查自动判读表是否出现红色衬底，如果出现，立即通知工艺人员处理。

2.5　企业清洗制绒常见异常与返工作业

2.5.1　企业清洗制绒常见异常

参阅图 2-47。

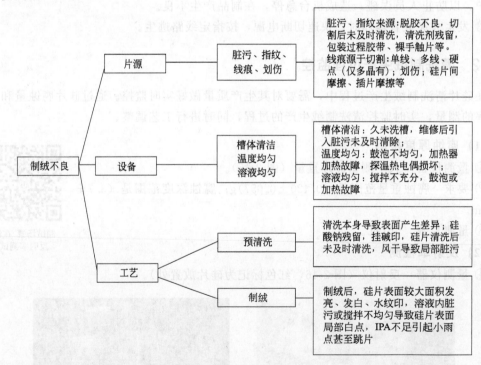

图 2-47　制绒不良结构图

此处列举制绒异常的几种情况。

(1) 小雨点

小雨点因制绒过程 IPA 不足引起。IPA 不足，除引起小雨点外，也使跳片的概率上升，因此，需予以及时解决。

图 2-48 为小雨点异常。

制绒小雨点

图 2-48　小雨点异常

制绒小雨点表现形式：硅片表面分布有很细小的白点，并且小白点形状从上而下逐渐变大，与雨点形状相似，故称为小雨点。小雨点产生原因为 IPA 不足导致的消泡不良，根据消泡不良程度，表面小雨点含量发生相应改变。

解决方法：小雨点一般不会导致 B2 片，轻微的连 B1 片也不会产生，因此，对于已产生的小雨点片可以正常释放。对产生小雨点的制绒液进行下一篮生产时，IPA 的补加需较正常工艺多 0.5L。完成该调整后，若后续制绒良好，即可恢复正常连续生产

（2）花篮印

产生花篮印的原因有两种：一为花篮本身洁净度问题；二为制绒工艺有偏差。硅片花篮接触区制绒差异显示，产生花篮印。

图 2-49 为花篮印异常。

花篮印示意图

图 2-49　花篮印异常

花篮印：花篮印既可为一两个齿位，也可为全部 6 个齿位。花篮印的存在会造成 B1 片，对已制绒的片子可正常释放，并做不良统计。

花篮自身引起的花篮印一般出现在新花篮，以及旧花篮很长一段时间闲置未用。因花篮自身引起的花篮印，硅片的绒面一般均良好。对该情形，需按花篮清洗工艺进行花篮清洗，清洗完后先做小批量验证，验证合格即可正常生产。

因制绒不良导致的花篮印，硅片表面除花篮印外，伴有其他异常，需根据其他相应异常进行工艺调整

（3）发亮

① 大面积发亮　见图 2-50。

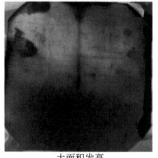

大面积发亮

硅片大面积发亮：硅片大面积发亮将会造成大规模 B 类片，发亮严重硅片将造成大量 B2 片产生。短时间不能解决时，需马上申请停线，或申请工程调试。

产生原因：硅片大面积发亮产生的原因为硅片腐蚀过量。硅片表面大面积发亮，硅片的去重将较正常值明显上升，硅片去重可作为判断发亮是否因腐蚀过量引起的重要依据。

解决办法：主旨为降低硅片腐蚀速率，按当前制绒调整原则：①适当降低氢氧化钠；②适当降低制绒温度

图 2-50　大面积发亮异常

② 局部发亮   见图 2-51。

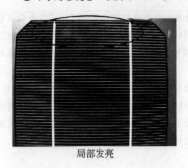

局部发亮

硅片局部发亮：在制绒正常时，硅片局部发亮一般因硅片去重偏小引起（进行该方面判断时，可结合硅片制绒去重数据）。当出现硅片局部发亮时，轻微时将产生 B1 片，严重时将产生 B2 片。

解决方法：①当硅片局部发亮严重，且硅片去重相对较小时，按正常返工工艺进行返工处理，返工后去重偏大，做好超薄标识，并在 PE 后暂停；②当硅片局部发亮主要发生在多篮制绒后，如大于 5 篮，直接换液进行再生产；③当硅片制绒连续发亮，申请停线，或申请工程调试。

调试主旨：适当增加硅片制绒去重。增加氢氧化钠浓度，或者适当降低 IPA 浓度

图 2-51   局部发亮异常

(4) 发白

硅片制绒发白一般因硅片腐蚀不足引起（需注意发白片与白斑片的区别，发白片颜色较白斑片浅，在金相显微镜下，白斑片几乎不出绒，发白片会有连续性较差的绒面。发白片一般为正面发白或边角发白，白斑则区域地分布于硅片内）。图 2-52 为发白异常。

整体发白片

发白片：发白片为制绒不足引起，因不同硅片厂家表面状况略有不同，同一配比下，某些厂家硅片会出现整体或者边角发白。发白片一般均会造成 B2 片。因此，对于发白片，一般均需采用返工工艺进行返工处理。

调试方法：发白（整体或边角）主要为腐蚀不足引起，调试主旨为加快硅片腐蚀速率，增加硅片腐蚀量。具体做法为：①逐步增加初配液中氢氧化钠浓度，在制绒过程中可通过增加过程补加实现；②适当提高制绒温度

图 2-52   发白异常

(5) 水纹印

水纹印主要发生在 156M 上，在 125M 上出现比例极少。当前产生机理尚未完全查明，在继续查证中。图 2-53 为水纹印异常。

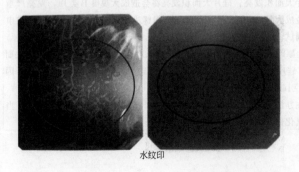

水纹印

水纹印：水纹印主要出现在 156M 硅片上，且在多篮后更易产生。通过 IPA 调整实验，增加 IPA，水纹印将由大面积变为小面积，但水纹印仍然会继续存在。

解决方法：水纹印一般不会造成 B 类片，但在水纹严重的情况下仍可能造成 B1 类色差片，因此需要注意跟踪观察。在水纹产生的情况下，可通过适当多增加点 IPA 予以缓解

图 2-53   水纹印异常

（6）白亮点

硅片表面制绒后，表面存在极小的白点，完成电池制备后，在电池终检处会发现电池片表面有相应的白点或亮点。图 2-54 为白亮点异常。

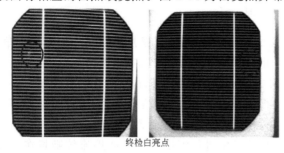

终检白亮点

> 白亮点：出现概率相对较低，并且白亮点一般仅造成 B1 片（注意制绒后水珠残留对色差的影响，水珠残留引起的白点一般为空心圆，且颜色较浅）。
>
> 白亮点的产生机理仍在查证中，但制绒液的均匀性及洁净程度会造成白亮点硅片产生。
>
> 解决方法：当仅为单批次出现少量白斑，后续未产生情况下，只需统计白点数目，并继续正常生产。若单槽连续出现多篮白点，对该槽溶液进行更换，并要求生产加强溶液搅拌

图 2-54 白亮点异常

2.5.2 企业清洗制绒返工作业

过程：生产准备→工艺参数设定→前清洗（清洗制绒）流程→断定→下传。

（1）作业流程

① 生产准备、生产操作流程及生产注意事项与清洗制绒生产作业相同。

② 每批次返工片抽测 5 片，返工减薄在 $1\sim2\mu m$ 间为返工合格，同时要求返工后表面无脏物、无药业残留。

③ 返工片批次数据不计入正常生产 SPC 表中。

（2）问题片处理流程及相关说明

① 前清洗腐蚀厚度过深　当腐蚀深度在 $4.2\sim5.5\mu m$ 之间时，采用向上的一面作为扩散面；如腐蚀深度超过了 $5.5\mu m$，则隔离后集中处理，此类片子不用返工。

② 前清洗腐蚀厚度过浅（小于 $3.2\mu m$）出现此类情况，则隔离后集中进行前清洗返工。返工片要求集中在每次制绒槽换药前进行。返工流程如图 2-55 所示。

说明：

① 计算返工需要的腐蚀速率时，根据流程单上注明已腐蚀的深度，通过还需要腐蚀的量来计算，还需要腐蚀深度＝目标深度－已腐蚀深度；

② 返工工艺参数设定主要是通过返工腐蚀速率调节返工时滚轮运行速度，滚轮速度设置超出规定范围的，通过制绒槽温度调节来补偿；

③ 返工时滚轮速度较快，放片过程中加大放片间距，要求间距不得小于 5cm，以免

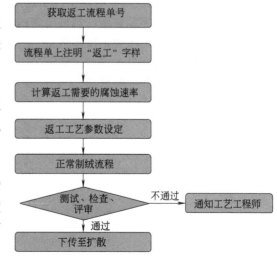

图 2-55 前清洗腐蚀厚度过浅返工流程

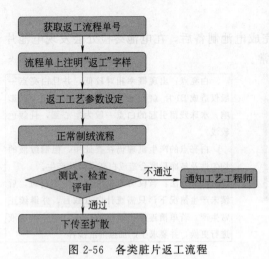

图 2-56　各类脏片返工流程

造成叠片和碎片；

④ 收片时要确保扩散面朝向片盒大面。

返工时，工艺工程师必须到现场协助处理。

(3) 清洗各类脏片（表面油污未洗净、指纹印、药液或水珠残留、滚轮印等）

出现此类情况，除较浅滚轮印经评审后可下传，以及如果单面脏片，则可以用另一面作为扩散面下传，其余此类情况的硅片，必须隔离后集中进行清洗返工，如果流传则将在其他工序造成各种不良。返工片要求集中在每次制绒槽换药液前进行。返工流程如图 2-56 所示。

说明：此类返工一般在较快的滚轮速度下跑片，因此在返工上片时应加大片间距，要求片间距不得小于 5cm。如果脏污确定是来料异常造成，则该类硅片仅隔离，不返工。

【扩展知识】化学品的急救

① 化学品溅入眼内，立即分开眼睑，用大量清水做长时间冲洗，就医。
② 化学品皮肤接触后，立即用大量流水做长时间彻底冲洗，尽快地稀释和冲去，就医。
③ 化学品误服后，应立即催吐或洗胃，并送医院急救。
④ 衣服上沾有化学药水，应用清水冲洗，再及时吹干。

思考题

1. 列出不同清洗工艺，并说明其用途。
2. RCA 清洗工艺在目前电池生产工艺中有哪些应用？
3. 比较单晶硅与多晶硅清洗制绒工艺的异同点。
4. 说明清洗制绒的主要工序步骤。
5. 如何保证清洗制绒工序的质量？
6. 如何提高返工作业的效率？

模块 3

扩散制结

① 了解扩散制结的基本原理。
② 了解扩散的几种方式。
③ 掌握扩散制结的工艺流程。
④ 了解扩散的影响因素。

① 能够完成扩散工序的上料与下料操作。
② 能够合理规范地完成扩散流程。
③ 能够对扩散后的产品进行方块电阻测试。

3.1 扩散制结原理

3.1.1 掺杂与 p-n 结的形成

（1）掺杂

掺杂是把杂质引入半导体硅材料的晶体结构中，以改变它的电学性能（如电阻率）的一种方法。ⅢA族和ⅤA族的一些元素可以作为硅片制造过程中的杂质进行引入，最常见的受主杂质有硼、铝、镓、铟，而常见的施主杂质有氮、磷、砷、锑（表 3-1）。

表 3-1 常用杂质种类

半导体材料		受主杂质		施主杂质	
元素	原子序数	元素	原子序数	元素	原子序数
碳	6	硼	5	氮	7

半导体材料		受主杂质		施主杂质	
元素	原子序数	元素	原子序数	元素	原子序数
硅	14	铝	13	磷	15
锗	32	镓	31	砷	33
锡	50	铟	49	锑	51

（2）p-n 结的形成

太阳电池的心脏是一个 p-n 结。制作太阳电池的硅片是 P 型的，也就是说在制造硅片时，已经掺进了一定量的硼（B）元素，使之成为 P 型的硅片。

硅晶体的特点是原子之间靠共价键连接在一起，硅原子的 4 个价电子和它相邻的 4 个原子组成 4 对共有电子对。这种共有电子对，称为"共价键"。硅片掺进硼后，由于硼原子的最外层有 3 个价电子，必有一个价键上因缺少一个电子而形成一个空位，称这个空位叫"空穴"。这种依靠空穴导电的半导体，称为空穴型半导体，简称 P 型半导体。

同样，磷（P）原子的最外层有 5 个价电子，只有 4 个参加共价键，另一个不在价键上，成为自由电子。掺入磷的半导体起导电作用的，主要是磷所提供的自由电子。这种依靠电子导电的半导体，为电子型半导体，简称 N 型半导体。

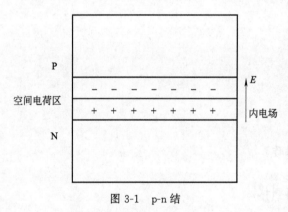

图 3-1　p-n 结

如果把这种 P 型硅片放在一个石英炉管内，加热到一定温度，并引入含磷的化合物在硅片表面分解出磷，覆盖在硅片的表面，并向硅片内部渗透扩散。在有磷渗透的一面就形成了 N 型，在没有渗透的一面是原始 P 型的，硅片内部就形成了所要的 p-n 结。这就是所说的扩散。扩散的目的是制作 p-n 结（图 3-1）。

3.1.2　扩散的基本原理

扩散是物质的一个基本性质，描述了一种物质在另一种物质中运动的情况。扩散分为三种，即气态、液态和固态。原子、分子和离子的布朗运动，造成由浓度高的地方向浓度低的地方进行扩散。杂质也能够在硅晶格中扩散，并穿过硅晶格。

晶体硅太阳电池制造采用了高温化学热扩散的方式。热扩散利用高温驱动杂质穿过硅的晶格结构，这种方法受到时间和温度的影响，需要 3 个步骤：预淀积、推进和激活。

（1）预淀积

预淀积为整个扩散过程建立了浓度梯度，硅片表面的杂质浓度最高，随着深度增加，杂质浓度逐渐降低，从而形成了浓度梯度，这个梯度可以通过四探针法测量硅片剖面的电阻率数值进行绘制，或者采用电化学电容-电压法测定得到浓度值。Fick 定律用数学的方法描述了扩散过程：穿过一个截面的粒子数与浓度梯度成正比。用 Fick 定律能够预测与硅片表面距离为 x 处的杂质浓度。

预淀积的过程是，将硅片放置于高温扩散炉内，杂质原子在高温环境下从源转移到扩散炉内，并进入到硅片表面上很薄的一层，其表面浓度是恒定的。需要注意的是，为了防止杂质原子从硅中扩散出去，在硅表面上应生长一薄层氧化物（称为掩蔽氧化层）。

（2）推进

热扩散的第二个步骤是推进。推进是高温过程（推进温度通常高于预淀积温度），用以使淀积的杂质穿过硅晶体，在硅片中形成期望的结深。这个过程不会向硅片中增加杂质总量，在高温环境下形成的氧化物层会影响推进过程中杂质向硅片体内的扩散：一些杂质（如硼）趋向于进入氧化物层，而另一些杂质（如磷）则会被退离氧化物（SiO_2）层。这种由硅表面氧化引起的杂质浓度改变，被称为杂质的再分布。

（3）激活

热扩散的第三个步骤是激活。这时的温度要再稍微升高一点，使杂质原子与晶格中的硅原子键合。这个过程激活了杂质原子，改变了硅的电导率。

硅中杂质浓度随着深度而变化，其曲线如图3-2所示。其中，相关参数的定义有3个，分别为：

① 杂质的剖面分布，硅中杂质浓度与深度的关系；

② 衬底浓度，硅衬底中的杂质掺杂浓度；

③ 结深，掺杂的杂质深度剖面上浓度等于衬底掺杂浓度时的深度。

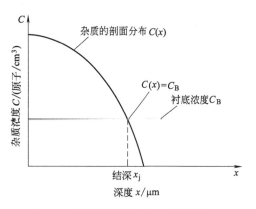

图 3-2 杂质的剖面分布、衬底掺杂浓度和结深的示意图

3.1.3 扩散的方式

当前，太阳电池生产主要采用热扩散法制结。根据扩散源的种类，可以分成原位扩散源和预沉积的扩散源。原位扩散源包括气态源（例如 $POCl_3$，PH_3，BBr_3，B_2H_6）和固态扩散源（例如固态氮化硼 BN 等）。预沉积的扩散源包括液态源和固态源。从设备方面来看，液态源扩散有液态的 $POCl_3$、BBr_3 的管式扩散；涂布源扩散包括丝网印刷或者旋涂、喷涂、滚筒印刷；液态掺杂源的链式炉扩散等。各种扩散方法的比较列于表3-2中。目前主要采用液态 $POCl_3$ 的管式扩散方式。

表 3-2 各种扩散方法的比较

扩散方法	比　　　较
简单涂布源扩散	设备简单,操作方便。工艺要求较低,比较成熟。扩散硅片中表面状态欠佳,p-n 结面不太平整,对于大面积硅片薄层电阻值相差较大
二氧化硅乳胶源涂布扩散	设备简单,操作方便,扩散硅片表面状态良好,p-n 结平整。均匀性、重复性较好。改进涂布设备。可以适用自动化、流水线生产
液态源扩散	设备和操作比较复杂。扩散硅片表面状态好,p-n 结面平整,均匀性、重复性较好,工艺成熟
氮化硼固态源扩散	设备简单,操作方便,扩散硅片表面状态好,p-n 结面平整,均匀性、重复性比液态源扩散好。适合于大批量生产

(1) 磷扩散

液态磷扩散可以得到较高的表面浓度，在晶体硅太阳电池生产工艺中应用最广。目前业内批量生产采用液态的 $POCl_3$ 管式扩散的较多。三氯氧磷纯度等级为 6N。三氯氧磷液态源气体携带法扩散制造的 p-n 结均匀性较好，不受硅片尺寸的影响，特别适合制造浅结电池，便于大量生产，但工艺控制比涂源法更严格。

三氯氧磷是无色透明、带有刺激性臭味的液体，有毒，相对密度为 1.68，熔点为 1.25℃，沸点为 105.8℃。在潮湿空气中发烟，易水解，易挥发。如果纯度不高，则呈红黄色。瓶源进出口两端采用聚四氟乙烯连接，若用其他塑料管或乳胶管连接时，容易被腐蚀。三氯氧磷吸收水汽变质，使扩散浓度上不去。其化学反应式如下：

$$2POCl_3+3H_2O = P_2O_5+6HCl$$

三氯氧磷在 600℃ 以上分解，生成五氯化磷，如果有足够的氧存在，五氯化磷能进一步分解成五氧化二磷，并放出氯气。因此，为了避免产生五氯化磷，在扩散时系统中必须通入适当的氧气。生产的五氧化二磷进一步与硅发生反应，生成二氧化硅和磷原子，在硅片表面形成一层磷硅玻璃，然后磷原子再向硅中扩散。

采用磷源 $POCl_3$ 的反应过程如下：

$$5POCl_3 \xrightarrow{>600℃} 3PCl_5+P_2O_5$$
$$4PCl_5+5O_2 \xrightarrow{过量 O_2} 2P_2O_5+10Cl_2\uparrow$$
$$2P_2O_5+5Si \longrightarrow 5SiO_2+4P\uparrow$$

(2) 硼扩散

液态 BBr_3 扩散，是一种能够形成高质量结的硼扩散方法。其扩散过程与液态磷源扩散的过程相同。主要沉积和推进的物理过程如下。

BBr_3 与氧气反应形成氧化硼，即

$$4BBr_3+3O_2 \longrightarrow 2B_2O_3+6Br_2$$

B_2O_3 与 O_2、Br_2 在气体的携带下沿着扩散炉管传输，并且通过边界向硅表面扩散，形成氧化硅表面，即

$$Si+O_2 \longrightarrow SiO_2$$

氧化硅的形成有利于防止 Br_2 刻蚀硅表面，形成的 B_2O_3 熔入氧化硅中形成硼硅玻璃。硼硅玻璃中的 B_2O_3 在硅表面实现掺杂，即

$$2B_2O_3+3Si \longrightarrow 3SiO_2+4B$$

B_2O_3 与 O_2、Br_2 从硅片表面挥发出去，通过边界扩散到掺杂气体中，被氮气携带出炉管。

(3) 固态源扩散

固态源蒸发使掺杂原子进入到携带气体中，大部分杂质的预沉积可以采用固态源。

硼的固态源主要是 BN 片。氮化硼晶体为白色粉末，使用前冲压成片状，或用高纯度氮化硼棒切成和硅片大小一样的薄片。扩散前，预先通氧 30min，使氮化硼的表面产生三氧化二硼。扩散时，将氧化过的氮化硼片与硅片相间放在石英支架上，或者在每两片氮化硼之间插入两片背靠背的硅片以增加产量。在扩散温度下，氮化硼表面的三氧化二硼与硅发生反应，形成硼硅玻璃沉积在硅片的表面，硼向硅内部扩散。氧化硼片与硅片之间的间距减小，可以减少扩散时间，氮气流量较低，可以使扩散更加均匀。

固态源扩散还可以使用印刷、喷涂、旋涂、化学气相沉积等方法，在硅的表面沉积一层磷或者硼的化合物。

3.2 扩散制结工艺流程

3.2.1 企业扩散制结工艺流程

见图 3-3。

(1) 清洗

① 初次扩散前，扩散炉石英管首先连接 TCA 装置，当炉温升至设定温度，以设定流量通 TCA 60min 清洗石英管。

② 清洗开始时，先开 O_2，再开 TCA；清洗结束后，先关 TCA，再关 O_2。

③ 清洗结束后，将石英管连接扩散源瓶，待扩散。

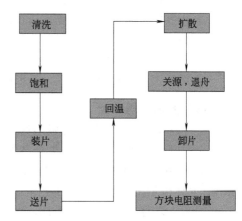

图 3-3 扩散制结工艺流程

(2) 饱和

① 每班生产前或长时间不生产时，须对石英管进行饱和。

② 炉温升至设定温度时，以设定流量通小 N_2（携源）和 O_2，使石英管饱和，20min 后，关闭小 N_2 和 O_2。

③ 初次扩散前或停产一段时间以后恢复生产时，需使石英管在 1050℃通 TCA 2h 后，通源饱和 1h 以上。

扩散场景_清洗石英管

(3) 装片

① 戴好防护口罩和干净的塑料手套，将清洗甩干的硅片从传递窗口取出，放在洁净台上。戴好手套，手套的戴法为内层汗布手套、外层 PVC 手套。

② 用石英吸笔或夹子依次将硅片从硅片盒中取出，插入石英舟。调节插片台风量，然后用石英吸笔吸取硅片后轻轻插入石英舟的槽中，每槽一片，插入石英舟（做单面扩散时每槽插两片）。

扩散场景_石英舟插片

(4) 送片

用舟叉将装满硅片的石英舟放在碳化硅臂桨上，保证平稳，缓缓推入扩散炉。

(5) 回温

打开 O_2，等待石英管升温至设定温度。石英舟暴露在空气中的时间尽量短。

扩散场景_传送物料

(6) 扩散

打开小 N_2，以设定流量通小 N_2（携源）进行扩散。注意监视屏幕上的流量图，发现异常，第一时间通知相关人员进行处理。

(7) 关源，退舟

① 扩散结束后，关闭小 N_2 和 O_2，将石英舟缓缓退至炉口，降温以后，用舟叉从臂桨上取下石英舟，并立即放上新的石英舟，进行下一轮扩散。

② 如没有待扩散的硅片，将臂桨推入扩散炉，尽量缩短臂桨暴露在空气中的时间。

(8) 卸片

① 等待硅片冷却后，将合格的硅片从石英舟上卸下，并放置在硅片盒中，放入传递窗。

② 用吸笔或镊子依次将硅片从石英舟中取出，放置在洁净的传递盒中（注意轻拿轻放，避免摩擦碰撞，防止 p-n 结损坏），放入传递窗。卸片时注意片子正反面，一律规定正面朝上，并且不得发生摩擦（规定扩散面为正面）。

③ 将返工的硅片单独放置，下班后交清洗间处理。

(9) 方块电阻测量

等待硅片冷却后，用石英吸笔均匀地取 5 片进行方块电阻测量。

一种典型的磷扩散工艺条件列举如下。

扩散场景_下片及
方阻调试

TCA 清洗：炉温 1050℃，时间 2h，小 N_2 为 0.5L/min，O_2 为 10L/min，具体流量由工艺员根据工艺情况决定。

饱和：炉温 1050℃，时间 1h，大 N_2 为 25L/min，小 N_2 为 2L/min，O_2 为 2.5L/min，具体流量由工艺员根据工艺情况决定。

磷扩散的工艺参数如表 3-3 所示。

表 3-3　典型磷扩散的工艺参数

型号		STP103E			STP125E		
炉温		875℃			882℃		
源温		20℃			20℃		
操作状态	进炉	回温		磷扩散			出炉
STP103E	3min	20min		40min			3min
STP125E	3min	25min		40min			3min
流量/(L/min)	大 N_2	大 N_2	O_2	大 N_2	O_2	小 N_2	大 N_2
STP103E	18	18	2.5	18	2.5	1.8	25
STP125E	18	18	2.5	18	2.5	1.8	25

磷扩散注意事项如下。

① 工艺卫生　所有工夹具必须永远保持干净的状态，包括石英吸笔、石英舟、石英舟叉、碳化硅臂桨。

石英制品不得直接与人体或其他未经清洗的表面接触。

石英舟和石英舟叉应放置在清洗干净的玻璃表面上。

碳化硅臂桨暴露在空气中的时间应做到越短越好。

② 安全操作　所有的石英器皿都必须轻拿轻放。

按照源瓶更换的标准操作过程操作：依次关闭进气阀门、出气阀门，拔出连接管道，更换瓶源，连接管道，打开出气阀门、进气阀门。

3.2.2 扩散制结影响因素分析

由于目前普遍的扩散主要是磷扩散，此处以磷扩散制结为例，讲述扩散制结过程的影响因素。磷扩散工艺运行过程中，用到的气体有 N_2 和 O_2，纯度为 99.999%。气体的流量通过质量流量计来控制。扩散制结的装置示意如图 3-4 所示。各类气体的种类及其作用如下：

① 小 N_2　小流量氮气，纯度 99.999%，携带磷源进入炉管。

② 大 N_2　大流量氮气，纯度 99.999%，净化炉管，为扩散创造净化环境。

③ O_2　纯度 99.999%，参与化学反应，形成 PSG 层。

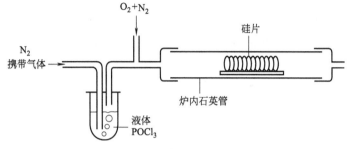

图 3-4　扩散制结装置示意图

影响扩散制结的因素，主要有管内气体中杂质源的浓度、扩散温度和扩散时间。

（1）管内气体中杂质源的浓度

① 管内气体中杂质源浓度的大小，决定了硅片 N 型区域磷浓度的大小。但沉积在硅片表面的杂质源达到一定程度时，将对 N 型区域的磷浓度改变影响不大。

② 扩散过程中大 N_2 的影响。如果总的气体流量很高，那么沿着硅片的边缘方块电阻偏高，因为当总的流量增加后，气体在硅片的边缘会发生混乱。随着总的气体流量的减少，硅片表面低方块电阻的区域逐渐从边缘向硅片中间区域转移。

③ 氧气流量越高，方块电阻越高，并将拉大上半部温区与下半部温区的方块电阻的差别。

（2）扩散温度与扩散时间

扩散温度和扩散时间对扩散结深影响较大。扩散温度决定了磷在硅晶体中扩散速度的大小，扩散时间决定扩散的浓度和深度。扩散速度和扩散时间的乘积确定 p-n 结的深度。N 型区域磷浓度和扩散结深，共同决定着方块电阻的大小。方块电阻的大小与磷杂质浓度和扩散结深成正比。

表 3-4 列出了方块电阻大小的影响因素。

表 3-4　方块电阻大小的影响因素

序号	影响因素	具体影响内容
1	温度	温度的高低,决定硅片表面杂质浓度的高低和 p-n 结的结深
2	时间	通源时间、驱入时间
3	小 N_2	流量的多少
4	瓶源的温度	决定瓶内的蒸汽压,温度越高,挥发性能越大
5	氧气流量	影响三氯氧磷的反应程度和 PSG 的厚度,进而影响到磷的扩散
6	其他因素	设备密封性、硅片电阻率和表面洁净状况、瓶源内三氯氧磷的多少

3.2.3　扩散后检测

扩散后硅片影响电池转换效率的两个参数：少子寿命和方块电阻。少子寿命是描述电子-空穴复合概率的一个参数。方块电阻是硅片的表层（薄层）电阻。

等待硅片冷却后，每炉取出 5 片检验，它们的位置应该为石英舟的 5 个均匀分布点，将测试片按照从炉尾到炉口的顺序取下来，按顺序一次放入载片盒内，用作测试方块电阻和少子寿命（详见《方块电阻测试作业指导书》和《少子寿命测试作业指导书》）。

(1) 扩散后方块电阻

在太阳电池扩散工艺中，扩散层方块电阻是反映扩散层质量是否符合设计要求的重要工艺指标之一。方块电阻是标志扩散到半导体中的杂质总量的一个重要参数。

方块电阻的定义：考虑一块长为 l、宽为 a、厚为 t 的薄层，如图 3-5 所示。如果该薄层材料的电阻率为 ρ，则该整个薄层的电阻为：

$$R = \rho\, \frac{l}{ta} = \left(\frac{\rho}{t}\right)\left(\frac{l}{a}\right)$$

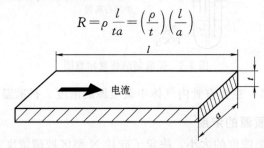

图 3-5　薄层电阻示意图

当 $l = a$（即为一个方块）时，$R = \rho/t$。可见，ρ/t 代表一个方块的电阻，故称为方块电阻，即为 $R_\square = \rho/t\,(\Omega/\square)$。

检测仪器：方块电阻测试仪。

目前生产中，测量扩散层薄层电阻广泛采用四探针法，测量装置示意如图 3-6 所示。图中直线陈列 4 根金属探针（一般用钨丝腐蚀而成），排列在彼此相距为 S 的一条直线上，并且要求探针同时与样品表面接触良好，外面一对探针用来通电流，当有电流注入时，样品内部各点将产生电位，里面一对探针用来测量 2、3 点间的电位差。

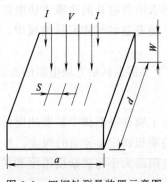

图 3-6　四探针测量装置示意图

检验标准：扩散方块电阻，根据不同电阻率大致控制在 $40 \sim 60\Omega/\mathrm{sq}$ 范围内，每片测量 5 个点。同一炉扩散方块电阻不均匀度≤20%，同一硅片扩散方块电阻不均匀度≤10%。批次间扩散方块电阻不均匀度≤$3\Omega/\mathrm{sq}$，片内扩散方块电阻不均匀度≤$3.5\Omega/\mathrm{sq}$，不同设备所生产的硅片均匀性有所差异。

(2) 扩散后外观检测（目测部分）

① 表面手印和沾污（不能下传）。

② 蓝斑片（一般可下传但效率低点）。

③ 黑斑片（一般可下传但效率低点）。

3.3 扩散制结操作与监控

3.3.1 扩散制结工艺步骤

完成晶体硅太阳电池扩散工艺有 8 个步骤。

① 开机准备 对扩散炉进行质量测试（包括温度校准、部件清洁等），以保证工具满足生产质量标准。

② 物料准备 检查扩散源，验证硅片特性。

③ 开机 开启扩散炉，升温至待机温度；设定包括扩散参数在内的工艺菜单。

④ 上料 将去除了表面自然氧化层的硅片装入扩散炉。

⑤ 运行工艺菜单 进行预淀积；升高炉温，推进并激活杂质。

⑥ 下料 卸载硅片。

扩散工艺概述　　　扩散工艺——上料　　　扩散场景_工艺运行　　　扩散工艺——下料

⑦ 检验和返工 测量、评价、记录结深和电阻率。

⑧ 关机 关闭扩散炉。

需要注意的是，在生产中，需要对每台炉管设置某一特定的工艺步骤，并保持精确的温度分布。图 3-7 为生产模式下的扩散制结流程图。

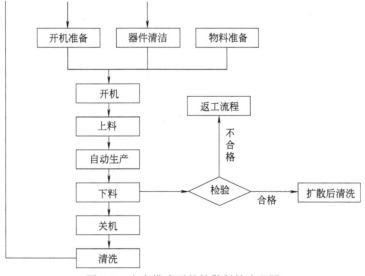

图 3-7 生产模式下的扩散制结流程图

3.3.2 扩散设备

扩散设备主要分为两类：管式系统和传输带链式系统，其中管式系统按照其尾气排放方式又分为开管和闭管，链式系统包括网带、陶瓷滚轮和陶瓷线等。在制造工艺上采用氮气携带三氯氧磷和 BBr_3 的管式高温扩散是目前主流的技术，此处以该技术相关设备为例，讲解扩散设备的结构。图 3-8 给出了典型的管式扩散设备实物图。

图 3-8 典型管式扩散设备实物图

扩散设备的总体结构分为四大部分，分别为控制部分（动力柜）、推舟净化部分、电阻加热炉部分和气源部分，如图 3-9 所示。

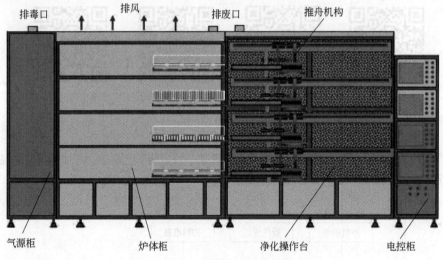

图 3-9 典型扩散设备结构

（1）控制部分

位于控制柜的计算机控制系统分布在各个层面，每个层面的控制系统都是相对独立，每层控制对应层的推舟、炉温及气路部分，是扩散/氧化系统的控制中心。

（2）推舟净化部分

推舟净化柜的顶部装有照明灯，正面是水平层流的高效过滤器及推舟的丝杠、导轨副传动系统及 SiC 悬臂桨座，丝杠的右端安装有驱动步进电机，导轨两端是限位开关。图 3-10 为为推舟净化部分实物图。

（3）电阻加热炉部分

电阻加热炉体部分也细分为三部分。顶层部分配置水冷散热器及排热风扇，废弃室顶部设有抽风口，与外接负压抽风管道连接后，可将工艺过程残余气体带走。中间部分为加热炉体部分，配置炉管、控温热电偶、超温保护热电偶。炉柜的底层安装有加热炉的功率部件（晶闸管、散热器、接触器、变压器、晶闸管过零触发器等）及散热风机。图 3-11 为电阻加热炉的实物图。

（4）气源部分

气源柜顶部设置有排毒口，用以排除在换源过程中泄漏的有害气体。柜顶设置有三路工

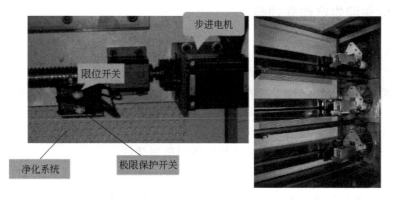

图 3-10　推舟净化部分

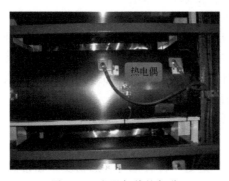

图 3-11　电阻加热炉部分

艺气体及一路 CDA 的进气接口，接口以下安装有减压阀、截止阀，用以对进气压力进行控制及调节。对应于气路，分别装有相应的电磁阀、气动阀、过滤器、单向阀、MFC 及源瓶冷阱等。柜子底部装有 MFC 电源、控制开关、保险等电路转接板及设备总电源进线转接板。图 3-12 为进气管路图。

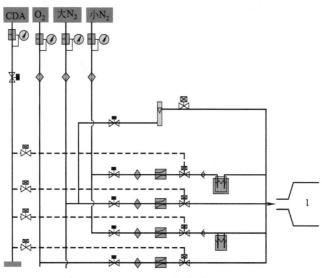

图 3-12　进气管路

3.3.3　扩散车间生产作业规范

(1) 扩散车间洁净度规范

① 扩散工艺要求车间洁净度达到十万级，应严格防止沾污。

② 所有操作工具必须保持干净的状态，包括吸笔、镊子、石英舟、碳化硅悬臂桨。

③ 吸笔、镊子应放在干净的玻璃烧杯内，不得直接与人体或其他未经清洗的表面接触。

④ 石英舟应放置在石英凳或氮气柜内。

⑤ 碳化硅悬臂桨暴露在空气中的时间应做到越短越好。

(2) 岗位注意事项

① 按照扩散车间着装要求，正确穿戴工作服和劳保用品。

② 操作人员根据岗位操作要求正确操作。

③ 坚守自己的岗位，不能随意串岗。

④ 从事危险工作时，应按照规定正确作业，包括不单独作业、正确穿戴防护服等。

⑤ 正确操作设备，按照设备维护要求，定期检查和维护设备。

⑥ 所有的工作，除了日常维护外，都要有负责人员执行监管。

⑦ 保证车间的干净整洁。

⑧ 保证产出产品的合格检验。

(3) 扩散源

通常采用三氯氧磷液体，这是一种有毒有害的物质，在常温下为液态。使用和操作时需要严格遵守操作规范。

① 操作的管理　密闭操作，注意通风。操作尽可能机械化、自动化。操作人员必须经过专门培训，严格遵守操作规程。建议操作人员佩戴自吸过滤式防毒面具（全面罩），穿橡胶耐酸碱服，戴橡胶耐酸碱手套。避免产生烟雾，防止烟雾和蒸气释放到工作场所空气中。避免与还原剂、活性金属粉末、醇类接触，尤其要注意避免与水接触。搬运时要轻装轻卸，防止包装及容器损坏。配备泄漏应急处理设备，倒空的容器可能残留有害物。

② 储存的管理　储存于阴凉、干燥、通风良好的库房。远离火种、热源。库温不超过25℃，相对湿度不超过75%。包装必须密封，切勿受潮。应与还原剂、活性金属粉末、醇类等分开存放，切忌混储。储区应备有泄漏应急处理设备和合适的收容材料。

③ 运输的管理　铁路运输时应严格按照铁道部《危险货物运输规则》中的危险货物配装表进行配装。起运时包装要完整，装载应稳妥。运输过程中要确保容器不泄漏、不倒塌、不坠落、不损坏。严禁与还原剂、活性金属粉末、醇类、食用化学品等混装混运。运输时，运输车辆应配备泄漏应急处理设备。运输途中应防曝晒、雨淋，防高温。公路运输时要按规定路线行驶，勿在居民区和人口稠密区停留。

④ 废弃的管理　处置前应参阅国家和地方有关法规。倒入碳酸氢钠溶液中，用氨水喷洒，同时加碎冰，反应停止后，用水冲入废水系统。

(4) 安全事项和应急处置

① 意外接触三氯氧磷的应急处置

a.皮肤污染：立即脱去污染的衣着，应先用纸或棉花吸附，用大量流动清水冲洗至少15min，然后再用2%碳酸氢钠湿敷。就医。

b.眼睛接触：立即提起眼睑，用大量流动的清水或生理盐水充分冲洗至少15min。外涂抗生素眼膏或滴眼药水预防感染。就医。

c.吸入：迅速脱离现场至空气新鲜处。保持呼吸道通畅。如呼吸困难，输氧。如呼吸停止，立即进行人工呼吸。就医。

d.食入：用水漱口，无腐蚀症状者洗胃，忌服油类。就医。

e.泄漏：泄漏污染区人员迅速撤离至安全区，并立即隔离150m，严格限制出入。建议应急处理人员戴自给正压式呼吸器，穿防酸碱工作服。不要直接接触泄漏物，尽可能切断泄漏源。

f.小量泄漏：用砂土、蛭石或其他惰性材料吸收。

g.大量泄漏：构筑围堤或挖坑收容。在专家指导下清除。

h.灭火方法：使用干粉、干燥砂土灭火，禁止用水。

i.有害燃烧产物：氯化氢、氧化磷、磷烷。

② 三氯氧磷作业中采取的防护措施

a.呼吸系统防护：可能接触其蒸气时，须佩戴自吸过滤式防毒面具（全面罩）或隔离式呼吸器。紧急事态抢救或撤离时，建议佩戴空气呼吸器。

b.眼睛防护：呼吸系统防护中已做防护。

c.身体防护：穿橡胶耐酸碱服。

d.手防护：戴橡胶耐酸碱手套。

e.其他防护：工作现场禁止吸烟、进食和饮水。工作完毕，淋浴更衣。单独存放被有毒物污染的衣服，洗后备用。保持良好的卫生习惯。

3.3.4 不良片与返工作业

扩散工艺常见故障如表3-5所示。

表3-5 扩散工艺常见故障

故障表现	诊　断	措　施
扩散不到	① 携带气体大 N_2 太小，不能将源带到管前； ② 炉门没关紧，有源被抽风抽走； ③ 管口抽风太大	① 增大 N_2 的携带流量； ② 将炉门重新定位，确保石英门与石英管口紧贴合
方块电阻偏高	① 扩散温度偏低； ② 源量不够，不能足够掺杂； ③ 石英管饱和不够	① 加大源量； ② 延长扩散时间； ③ 通入足够量的小 N_2 和 O_2
方块电阻偏低	① 扩散温度偏高； ② 源温较高于 20℃	① 降低扩散温度； ② 减少扩散时间
扩散后单片 上电阻不均匀	① 扩散气流不均匀； ② 单片上源沉积不均匀	① 调整扩散气流量； ② 调整扩散片与片之间的距离
扩散后硅片 上有色斑	① 清洗甩干时没有甩干； ② 扩散过程中有偏磷酸滴落	① 调整甩干机工艺参数等； ② 对扩散管定期做 HF 浸泡清洗

扩散车间不合格片返工流程：

① 二次扩散，生产中方块电阻偏高的，可以做二次扩散工艺；

② 反面扩散，后清洗传过来的硅片，在反面按生产工艺加工；

③ 重新制绒，对于外观不合格和电阻偏低的硅片，需要返回制绒车间重新制绒。

【扩展知识】三氯氧磷

（1）分子式

分子式 $POCl_3$，相对分子质量 153.33，英文名 Phosphorusoxychloride，是目前磷扩散

用得较多的一种杂质源，纯度一般为6N。

（2）三氯氧磷的理化性质

外观与性状：无色透明、带有刺激性臭味的液体，在潮湿空气中发烟，易挥发。如果纯度不高，则呈红黄色。

相对密度（水＝1）：1.68（15.5℃），d（25℃）＝1.645。

相对蒸气密度（空气＝1）：5.3。

熔点：1.25℃。

沸点：105.8℃。

溶解性：溶于醇，溶于水。

稳定性和反应活性：稳定。

危险特性：遇水猛烈分解，产生大量的热和浓烟，甚至爆炸；对很多金属，尤其是潮湿空气条件下有腐蚀性；中等毒，有催泪性和腐蚀性。

禁配物：强还原剂、活性金属粉末、水、醇类。

（3）使用三氯氧磷需要了解的安全规范

危险品标志：T＋（Verytoxic），C（Corrosive）

危险类别码：S26，S36/37/39，S45，S7/8

危险品运输号：UN 1810

危险类别：8

安全术语：R14，R22，R26，R35，R48/23

包装等级：Ⅱ

包装方法：闭口厚钢桶，采用2～3mm厚的钢板焊接制成，桶身套有两道滚箍。螺纹口、盖、垫圈等封口件配套完好，每桶净重不超过300kg。其包装外形及危险标志见图3-13。

(a) 包装外形

(b) 危险品标志

图3-13　三氯氧磷

灭火剂：干砂、干石粉；禁止用水。

毒性分级：高毒。

职业标准：TLV-TWA 0.1 ppm（0.6mg/m³）；STEL 0.5 ppm（3mg/m³）。

思考题

1. 说明扩散的基本原理。

2. 比较不同扩散方式的效果。

3. 扩散中需要哪些检测环节，分别说明其作用。

4. 目前企业一般采用的扩散方阻范围是多少？为什么这样选择？

模块4

硅片后清洗刻蚀生产

知识目标

① 了解硅片刻蚀的目的和方法。
② 掌握湿法刻蚀的原理。
③ 掌握生产过程中各反应槽的化学反应原理。
④ 了解刻蚀生产作业流程。
⑤ 了解刻蚀生产质量监控的参数。
⑥ 了解后清洗刻蚀生产常见问题。

技能目标

① 掌握湿法刻蚀生产的工艺流程。
② 能够对硅片湿法刻蚀作用进行分析。
③ 能够对各反应槽中的反应及作用进行描述。
④ 能够正确填写生产流程单，并能对生产工艺进行适当的调整。
⑤ 能够正确完成 SPC 统计表。
⑥ 掌握返工生产的流程。

4.1 刻蚀生产工艺流程

4.1.1 硅片刻蚀生产的目的

扩散过程中，虽然采用背靠背扩散，硅片的边缘也不可避免地扩散上磷。p-n 结的正面所收集到的光生电子会沿着边缘扩散有磷的区域流到 p-n 结的背面，而造成短路。此短路通道等效于降低并联电阻。

同时，由于在扩散过程中氧的通入，在硅片表面形成一层二氧化硅，在高温下 $POCl_3$ 与 O_2 形成 P_2O_5，部分 P 原子进入 Si 取代部分晶格上的 Si 原子形成 N 型半导体，部分则留在了 SiO_2 中形成磷硅玻璃（PSG），如图 4-1 所示。

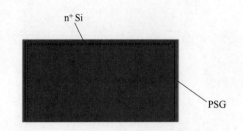

图 4-1 扩散制结后硅片表面 PSG 的生产

磷硅玻璃的存在，影响硅片表面的性质，对太阳电池的生产有不利的影响：

① 磷硅玻璃的存在，使得硅片在空气中表面容易受潮，导致电流的降低和功率的衰减；

② 死层的存在，大大增加了发射区电子的复合，会导致少子寿命的降低，进而降低了 V_{oc} 和 I_{sc}；

③ 磷硅玻璃的存在，使得 PECVD 后产生色差。

针对上述问题，硅片刻蚀生产的目的，一方面要去除多余的 p-n 结，另一方面去除硅片表面的 PSG。

4.1.2 湿法刻蚀生产和去除 PSG 的原理

利用 HNO_3 和 HF 的混合液体，对扩散后硅片下表面和边缘进行腐蚀，去除边缘的 N 型硅，使得硅片的上下表面相互绝缘，如图 4-2 所示。

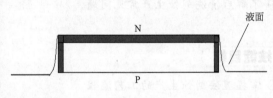

图 4-2 硅片湿法刻蚀生产图及示意图

边缘刻蚀原理反应方程式：

$$3Si+4HNO_3+18HF \longrightarrow 3H_2[SiF_6]+4NO_2\uparrow+8H_2O$$

硅片上表面 PSG 的存在，对于太阳电池的制备有较大的影响，可以通过酸洗的方法去除（图 4-3），原理如下：

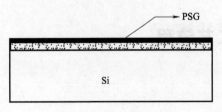

图 4-3 去除表面 PSG

$$SiO_2+4HF \longrightarrow SiF_4+2H_2O$$
$$SiF_4+2HF \longrightarrow H_2[SiF_6]$$
$$SiO_2+6HF \longrightarrow H_2[SiF_6]+2H_2O$$

去除 PSG 工序检验方法：当硅片从 HF 槽出来时，观察其表面是否脱水，如果脱水，则表明磷硅玻璃已去除干净；如果表面还沾有水珠，则表明磷硅玻璃未被去除干净，可在 HF 槽中适当补些 HF。

4.1.3 刻蚀生产工艺技术

(1) 刻蚀生产工艺流程

参阅图 4-4。

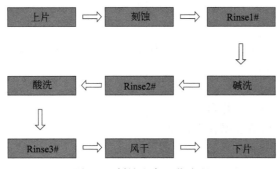

图 4-4 刻蚀生产工艺流程

① 刻蚀　边缘刻蚀，除去边缘 p-n 结，使电流朝同一方向流动。刻蚀液主要含有 DI 水、H_2SO_4、HF、HNO_3，按一定比例混合均匀后配成。反应温度通常在 7~9℃。

注意扩散面须向上放置。H_2SO_4 的作用主要是增大液体浮力，使硅片很好地浮于反应液上（仅上边缘 2mm 左右和下表面与液体接触）。与前清洗相比，后清洗硝酸与 HF 的比例要大得多，主要是目的不一样，后清洗要求背面做得越光越好，这样可以增加开压。

② Rinse 1　中和前道刻蚀后残留在硅片表面的酸液。

③ 碱洗　主要作用是中和剩余残留的酸，以及去除 HNO_3-HF 刻蚀过程中产生的多孔硅。溶液为 KOH 与 DI 水的混合液，反应温度通常在 22℃左右。

④ Rinse 2　冲洗硅片表面残留的碱。

⑤ 酸洗　主要由 HF、DI 水按一定比例的混合液，中和前道碱洗后残留在硅片表面的碱液。HF 的作用是去除表面的 PSG 和 SiO_2，同时硅片表面形成斥水效应，在后道中容易被吹干。

⑥ Rinse 3　去除硅片表面残留的酸。

(2) 刻蚀中容易产生的问题及检测方法

① 刻蚀不足　边缘漏电，R_{sh} 下降，严重可导致失效，如图 4-5 所示。检测方法：测绝缘电阻。

② 过刻　正面金属栅线与 P 型硅接触，造成短路（图 4-6）。检测方法：称重及目测。

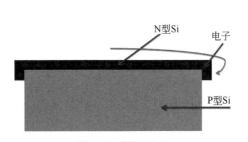

图 4-5 刻蚀不足

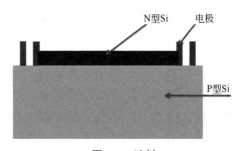

图 4-6 过刻

4.2　刻蚀生产作业规范

4.2.1　生产作业规范

(1) 生产准备

① 工作时必须穿工作衣、鞋，戴工作帽和两层手套；内层为棉手套，外层为 PVC 手套，每班次更换 4 次，每 3h 更换一次。

② 做好工艺卫生。

③ 选择相应规格的假片、片盒。

④ 操作工必须具备后清洗操作上岗证。

(2) 操作流程

① 点检

a. 检查滚轮间是否存在翘片。

b. 确认设备状态是否为"正常待机"。

c. 设备/操作台面/货架/地面等符合 5S 要求，保持周围环境符合 5S 要求。

图 4-7 为刻蚀生产设备操作界面。

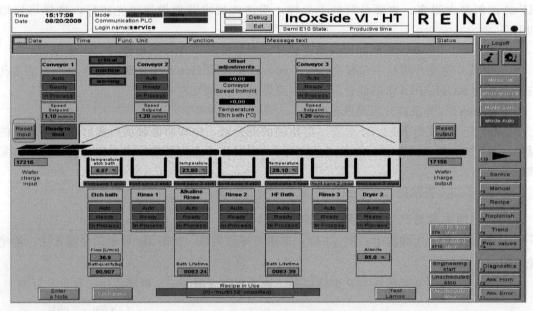

图 4-7　刻蚀生产设备操作界面

② 入片

a. 工作说明　领取硅片，检查来料是否有不良片，记录流程单。

b. 工作内容

(a) 从扩散工位领取硅片，检查有无少片、缺角、崩边等不良片。若有，则交给扩散工位换成良片。

(b) 领取完毕，双方签字。

后清洗场景_领料任务

（c）从每批硅片中抽取 5 片作为测试片，用天平测量其重量，并记录在腐蚀厚度表中。

注意事项：领取硅片时，要注意避免片盒与硬物碰撞而造成硅片破损。检查来料时一定要认真检查少片和不良片，否则会影响本工序的良品率。

③ 手动上料及刻蚀

a. 工作说明　将硅片分道放入 InOxSide 机台，刻蚀。

注意：如发现硅片有线痕片，先确认是否为 MRB。如是，放片时应将线痕方向与轨道前进方向平行；如不是 MRB，通知 QC 人员处理。

后清洗场景_量产

b. 工作内容

（a）按下 InOxSide 机台的 F10 操作界面的 Reset Input ，将硅片计数清零。

（b）在流正式片之前，先流 5 片测试片，每道一片。

（c）从片盒里抽取硅片，再次检查硅片有无手指印、蓝黑点等不良片。若有，则根据实际情况决定是否下传：可以下传的记录后下传；不可下传的在本工序隔离。

（d）对于隐裂或人为造成的破片，若符合假片要求就作为假片使用；符合后清洗来料要求的硅片，将扩散面朝上分分道放在 InOxSide 机台的前滚轮上待刻蚀，保证每片 2/3 置于滚轮上，1/3 位于滚轮外，且硅片之间的前后距离大于 2cm，放硅片时与滚轮间高度不能超过 5mm。

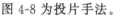

（e）重复上料操作，直到运行完整批硅片。

图 4-8 为投片手法。

后清洗场景_生产调试

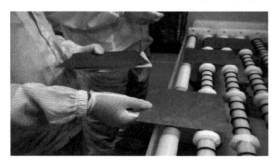

图 4-8　投片手法

c. 注意事项

（a）严禁裸手及脏手套接触片子。

（b）抽片时要注意抽取的角度：顺着片盒的方向抽取，动作要轻，避免硅片划伤。

（c）根据机器的运转情况，适当选择硅片在各道的放置位置。

（d）一批中放片有中断，再放片时须先流一片假片。

（e）切记扩散面需朝上放置。

④ 手动下料

a. 工作说明：将 InOxSide 机台上经刻蚀后的硅片收入白色片盒。

b. 工作内容

（a）检查刻蚀后的硅片是否出现破片、不良片。若破片不严重，收集好作为假片。若破片严重，则收集好当碎片处理。不良片则须经工艺和 QC 确定后返工。

（b）若硅片刻蚀正常，则将硅片扩散面同向的方式插入片盒。注意要直取硅片，不能拖片，避免硅片与滚轮间的摩擦。

后清洗场景_结束任务

（c）重复此操作，直到收完整批硅片。

图 4-9 为收片手法。

c. 注意事项

（a）收片时，手指用力不要过猛，否则容易导致碎片。

（b）收片速度不要过慢，否则硅片会随滚轮运动而掉落。

（c）若出机台后的硅片上有少许水滴，不能直接用其他硅片进行擦拭；如一批中数量少于10片，则晾干后继续生产；如一批中数量大于10片，则通知工艺人员和设备人员处理。

（d）插入片盒时要注意扩散面的方向，不要放反，扩散面统一朝向片盒大面，每槽插一片硅片。

（e）将硅片插入片盒中时，要尽量避免硅片与片盒的摩擦，以免硅片出现划痕。

图 4-9　收片手法

⑤ 交付 PECVD

a. 工作说明　称重，测量边缘电阻和目测刻蚀宽度，交付 PECVD 工位。

b. 工作内容

（a）测量测试片刻蚀后的重量和边缘电阻，并记录在腐蚀厚度表中。

（b）copy 模板：在表单内输入流程单号、测试片腐蚀前后的重量、边缘电阻和过刻宽度，表单自动生成腐蚀厚度值；将表单名改为：日期 _ 线别 _ 后清洗 _ 156muti（例：7.29 _ 13&14 _ 后清洗 _ 156muti）；保存表单。

（c）填写流程单　刻蚀工序的上片及卸片两个步骤的入料时间、入料数量、出料时间及出料数量、机器碎片、人为碎片、电阻值、刻蚀宽度、腐蚀厚度。

（d）将整批硅片和填好的流程单一起交于 PECVD。

（e）交付完毕双方签字。

c. 注意事项

（a）各批次的硅片不要混淆。

（b）碎片量实事求是，严禁隐瞒，偷返工片、实验片来填充。

（c）确保数据真实性，严禁拷贝或编造数据。

（3）生产过程中的注意事项

① 穿好无尘服，戴好手套和口罩，避免腐蚀性药液溅到皮肤或眼睛。

② 被药液溅到的紧急处理　在流动的水下冲洗至少 10～15min（直到疼痛感缓解）；保持干燥与清洁。注意观察伤口变化，若伤口严重，须就医治疗。

③ 所有工作人员必须严格遵守工艺规定，严禁越过工艺规范或者不按照工艺规范执行。

④ 在正常生产运行过程中，设备出现任何异常或报警，应立即通知设备人员或工艺人员。生产人员需留守一人观察，但禁止操作。

⑤ 不允许将片盒直接放在地面上或与金属直接接触。

⑥ 若生产操作人员发现有除工艺人员、设备人员、生产或 QC 指定外人员操作设备，必须立即发出制止。

⑦ 刻蚀后的片子传至 PECVD 最长的停留时间为 4h，如超过 4h，进行后清洗返工。

⑧ 停机超过 15min，需冲洗碱槽喷淋口及风刀，防止其被酸碱中和产生的结晶盐堵塞。冲洗时清洗操作人员需戴好防护用品（如戴上安全眼镜、防护面具、防酸碱围裙、长袖防酸手套），打开 KOH 槽的上盖，用水枪冲洗 KOH 槽喷淋、风刀口，冲洗时间为 4～5min，保证各个道、喷淋、风刀口都用纯水冲到，没有碱溶液残留在滚轮上。冲洗完毕后盖上盖

子。此台设备重新开始生产时，须通知工艺人员调整滚轮速度，以便保证相应的腐蚀重量波动不要过大，然后进入正常生产。

⑨ 设备停机超过 1h，需要流大量假片（至少一批）。假片的数量标准如下：每道取一片假片至 PECVD 镀膜后没有明显的滚轮印记。

⑩ 生产线使用假片规定 规定 400 片为一批，对于完整的假片，每跑一批假片，作业员需抽 10 片测量硅片重量，如果重量低于 5g，则报废此批假片。对于有大缺角的假片，每跑一批假片，作业员需抽 10 片测量硅片重量，如果重量低于 4g，则报废此批假片。

⑪ 对于主界面上的速度和温度（包括所有的工艺参数、设备参数、药水的补加），生产人员不允许改动，有任何异常立刻通知设备或工艺人员。

⑫ 正常生产时，严禁触碰 InOxSide III-HT 自动机台和 InOxSide 的急停按钮。急停按钮需做好防护，以防止人员误碰，造成机台急停，对制品产生不良。

⑬ 发生火灾或者爆炸时，快速切断电源，按指定线路逃生。

4.2.2　生产作业常见问题

(1) 常见报警信息（以 RENA 设备为例）

① 关于 waferjam（叠片）报警 出现此类报警时，工艺人员需要请设备人员调整滚轮并取出碎片。如果是滚轮原因造成上述报警，同时上级决定暂时不能停机，可选择不在报警道投片，待工艺换药或设备 PM 时要求设备人员进行相应调整。此外，生产人员需检查各段滚轮是否正常工作，设备中是否出现卡片、碎片。如果出现上述异常，需及时调整片间距，减少叠片的发生。

② 关于 temperature（温度）报警 出现此类报警时，工艺人员需确认 coolingunit 在工作，确认有循环流量，然后等待并观察温度是否降低。如果温度没有下降趋势，通知设备人员进行检查。

③ 关于 pump（泵）报警 出现此类报警时，工艺人员需确认报警槽的溶液量是否达到液位要求，循环是否正常。如有异常，补加药液并手动打开槽体循环。同时要求设备人员检查该槽喷淋滤芯是否正常。

④ 关于 dry（风刀）报警 出现此类报警时，工艺人员需检查外围供气压力是否正常，风刀有无被堵，并及时通知外围人员或设备人员做出相应调整。

⑤ 关于刻蚀槽 flow（流量）报警 出现此类报警时，工艺人员需检查是否有碎片堵住药液入口。如有碎片，需取出后，将药液打入 tank 混匀溶液后，重新将药液打入 bath 中。如果流量不稳定报警，需要求设备人员检查相应传感器。

⑥ 关于 overfilled（溶液过满）报警 出现此类报警时，工艺人员需要求设备人员检查液位传感器是否正常工作。如果确实过满，则需要手动排掉部分药液，直到达到生产液位要求。

⑦ 关于 tank empty（储药罐空）报警 出现此类报警时，说明外围相应储药罐中的药品已空，需及时通知外围人员添加药液。

⑧ 关于 valve blocked（阀门被堵）报警 出现此类报警时，则有阀门被堵，必须立即通知设备人员处理。

⑨ 颜色突出指示的意义 出现报警信息时，各种颜色突出所指示的相关意义如图 4-10 所示。

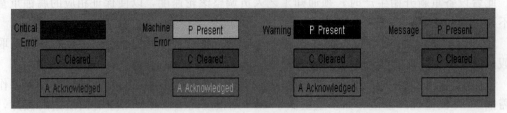

图 4-10　报警信息

（2）减小 RENA 设备的碎片率的方法

① 放片方法应严格按照作业指导书，轻拿轻放在正确位置，如图 4-11 所示。多晶 156 的硅片由于面积较大，如果放置的位置不正确（图 4-12），很容易造成叠片卡片等，致使硅片在机器中碎裂。

图 4-11　正确位置

图 4-12　错误位置

② 提高挡板的高度，使得片子能够顺利地通过，滚轮能够碰到挡板的地方，可以选择将挡板切掉一部分，如图 4-13 所示。

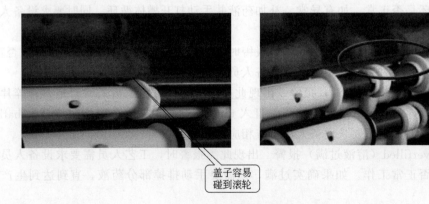

盖子容易碰到滚轮

图 4-13　调整挡板位置

③ 调整喷淋管的位置，至滚轮能够光滑地运行；调整风管和水管的位置，使得片子在通过的时候，不会影响片子的运行，如图 4-14 所示。

④ 检查所有滚轮和 O-ring 的位置（图 4-15）是正确的，确保上下滚轮在同一条线上；调节滚轮的高度和水洗管的位置，保证片子在传送过程中无偏移。如果发生偏移，会产生碎片。

图 4-14　调整风管和水管的位置　　　图 4-15　滚轮和 O-ring 的位置

⑤ 调节滚轮 1 的速度小于滚轮 2 的速度。如果生产不赶产量，则尽量让生产人员放片子不要太急，拉大片间距，这样片子进出设备较均匀，不易产生叠片等现象。参阅图 4-16。

图 4-16　检查硅片间距

【训练与提高】

① 完成生产前工作准备。
② 完成硅片手动上料与下料。
③ 对生产工艺进行适当的调整。

4.3　刻蚀生产质量监控

4.3.1　刻蚀工艺质量的检测

后清洗场景_四探针测试

(1) 腐蚀厚度检测（图 4-17）
① 量测机台　天平测量硅片重量。
② 要求　腐蚀重量约为 0.08g；腐蚀深度范围是 $(1.2\pm0.5)\mu m$。
③ 量测片数　5p/批。

(2) 边缘电阻检测（图 4-18，红色方框处为硅片放置处）
① 量测仪器　Gp solar。

图 4-17　腐蚀量测量

图 4-18　边缘电阻测量

② 要求　$>1k\Omega$。

③ 量测片数　5p/批。

(3) 刻蚀宽度检测（图 4-19，图为标准刻蚀线宽度）

① 量测仪器　目测，若不确定是否过刻，请 QC 人员进行评审。

② 要求　$<1.5mm$。

③ 量测片数　整批硅片。

(4) 脏片检测

① 目检每一片表面是否有明显的滚轮印、黑边、水痕等不良情况；如有，收集这些片子，等以后一起按返工流程处理，同时通知工艺人员处理。

② 要求　硅片表面没有明显的脏污痕迹。

(5) 数据输入

① 后清洗 SPC 统计表　将腐蚀厚度表中的 5 片测试片的腐蚀厚度值拷贝到表中，Excel 自

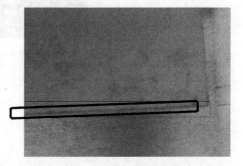

图 4-19　刻蚀宽度检测

动生成 X-Chart、R-Chart 以及自动判读表。检查自动判读表是否出现红色衬底，如果出现，立即通知工艺人员处理。将子表单名改为：line 线别 _ 腐蚀厚度（例：line13 _ 腐蚀厚度）。

② PSG 产量登记表　copy 模板；在表单内输入流程单号、投入数、产出数、来料不良数，Excel 自动生成投入累计、产出累计、良品率累计；将表单名改为当天的日期；保存表单。

(6) 注意事项

① 测量前需确定天平的读数为零。

② 测量时不要接触测量台。

③ 不同的生产线使用各自的天平，不要交换使用。

④ 一批一测，保证时间的即时性，量测后 10min 内输入 SPC。

⑤ 确保数据真实性，严禁拷贝或编造数据。

4.3.2 后清洗刻蚀生产常见异常情况处理

(1) 腐蚀厚度异常（图 4-20）

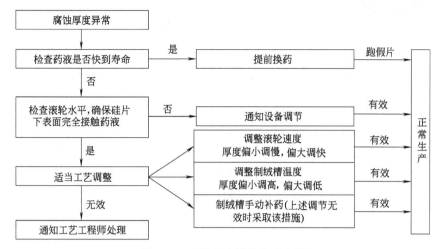

图 4-20 腐蚀厚度异常处理流程

说明

① 滚轮速度与刻蚀槽温度可直接在主操作界面对应单元中修正。滚轮速度修正后，实际滚轮速度范围应控制在 1.4～2.0m/min，刻蚀槽温度修正范围为 5～8℃。

② 腐蚀厚度过小时，刻蚀槽可按照设定比例同时补加 HNO_3 和 HF。可根据实际腐蚀量的情况确定补加量，但是单次补加量不宜过多。同时可在保证不过刻的情况下，适当提高流量。

③ 腐蚀厚度过大时，一般不建议补加 DI 水，如需补加 DI 水，则仅允许少量补加，以免造成过刻。可适量补加 H_2SO_4，适当降低流量，抬高液面，但同时需兼顾边缘刻蚀情况。需注意 H_2SO_4 不可补加过多，以免造成刻蚀槽温度升高，导致腐蚀厚度及边缘刻蚀异常。

(2) 刻蚀后硅片表面有滚轮印（图 4-21）

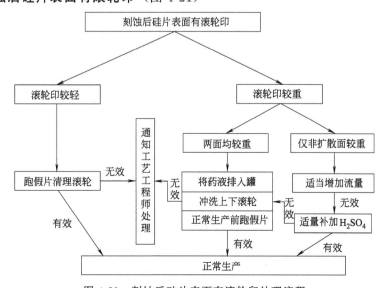

图 4-21 刻蚀后硅片表面有滚轮印处理流程

说明

需注意 H_2SO_4 不可补加过多，以免造成刻蚀槽温度升高，导致腐蚀厚度及边缘刻蚀异常。

(3) 后清洗刻蚀异常 1（图 4-22）

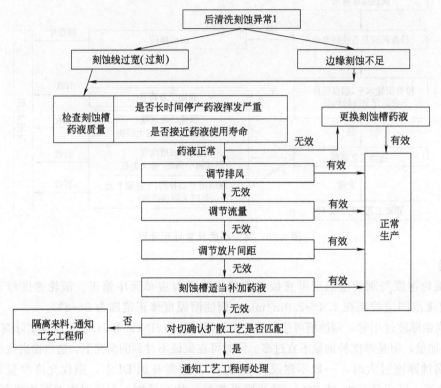

图 4-22　后清洗刻蚀异常 1 处理流程

说明

① 刻蚀不足或过刻时，在药液情况正常时，首先应调节排风，使液面平稳地逆硅片运动方向流动。

② 液位太高或太低，工艺调节无效果时，可通知设备人员适当调节挡板高度。

③ 如过刻或刻蚀不足集中在某一道或某几道出现，很可能是该道滚轮不平造成，通知设备人员调节滚轮水平。

④ 扩散工艺造成扩散后表面氧化层较厚时，由于氧化层较硅片亲水，故易因药液浸润造成每批都有大量过刻，同时调节工艺后无任何明显改善，此时应与扩散工序协调改善。

(4) 后清洗刻蚀异常 2（图 4-23）

说明

① 刻蚀线发黑，一般为 H_2SO_4 残留或者 H_2SO_4 浓度太高造成。故正常生产过程不建议补加 H_2SO_4 或者补加量太大，以免造成刻蚀槽温度上升及刻蚀线发黑等问题。

② 刻蚀线太黑，易造成镀膜后外观不良。工艺评审不能通过的硅片，需隔离后集中返工。

③ 刻蚀线不均匀的硅片，如果没有造成过刻异常，则可下传；如果存在过刻，需隔离后集中返工。

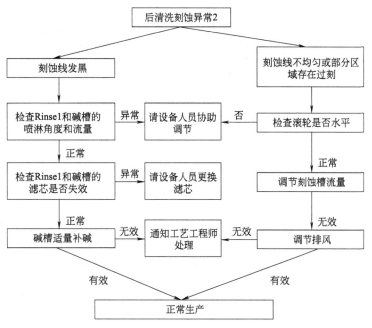

图 4-23　后清洗刻蚀异常 2 处理流程

（5）硅片表面吹不干（图 4-24）

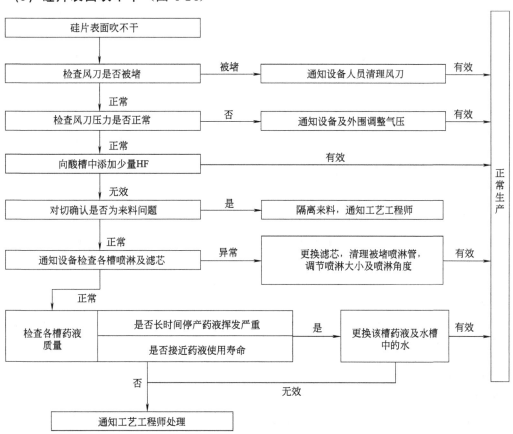

图 4-24　硅片表面吹不干处理流程

说明

① 观察硅片表面吹不干的状况，如果仅仅有规则性地出现在固定的一道或者几道，则可基本断定风刀出现问题，请设备人员帮助检查风刀是否被堵住。

② 如果硅片吹不干不是出现在固定的道，并且没有规律，则按上述流程做相应处理。

（6）硅片表面未清洗干净（图 4-25）

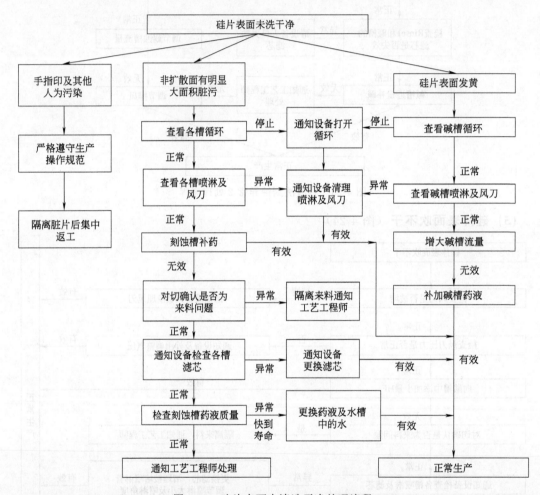

图 4-25 硅片表面未清洗干净处理流程

说明

不容许用裸手摸硅片的表面，2h 需换一次手套，避免清洗后硅片表面残留指纹印或其他人为污染，导致扩散后出现脏片。

（7）碎片处理（图 4-26）

说明

通常情况下，如果碎片一直在某一道或几道出现，几乎可以肯定是滚轮不平的原因。

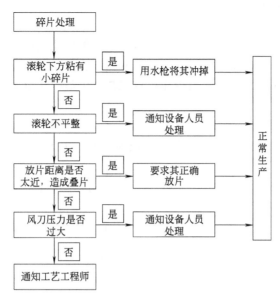

图 4-26　碎片处理流程

4.4　刻蚀生产返工作业

4.4.1　刻蚀生产返工作业操作流程

(1) 作业流程

① 生产准备、生产操作流程及生产注意事项可参考《多晶 RENA 后清洗作业指导书》。

② 返工片每半小时抽测 5 片，返工减薄在 1～2μm 间为返工合格，同时要求返工后表面无脏污，无药液残留。

③ 返工批次数据不计入正常生产 SPC 表中。

(2) 问题片处理流程及相关说明

① 后清洗腐蚀厚度过深　发生此种情况应同时考虑刻蚀情况是否正常，根据实际情况分别对待：

a. 腐蚀厚度过深，但刻蚀情况正常，刻蚀宽度在 1.5mm 以内，发生此类情形一般不返工，硅片走正常流程下传；

b. 腐蚀厚度过深，同时刻蚀情况异常，刻蚀宽度大于 1.5mm，发生此类情形，刻蚀异常片返工。

② 后清洗腐蚀厚度过浅　发生此种情况应同时考虑刻蚀情况是否正常，根据实际情况分别对待：

a. 腐蚀厚度过浅，但刻蚀情况正常，边缘电阻大于 1000Ω，发生此类情形一般不返工，硅片走正常流程下传；

b. 腐蚀厚度过浅，同时刻蚀情况异常，则刻蚀异常片返工流程。

③ 后清洗刻蚀情况异常

a.后清洗刻蚀不足（腐蚀厚度过浅）　后清洗刻蚀不足，易导致边缘漏电，丝网烧结后 R_{sh} 偏低，所以此类片子需要全部隔离返工。收片时扩散面要朝向片盒的大面，集中在后清洗返工。返工的前提条件：腐蚀厚度在 $0.6\sim0.8\mu m$，按图 4-27 所示进行返工，腐蚀厚度在 $0.8\sim1.0\mu m$，需要按图 4-28 所示进行返工，返工片要求集中在每次刻蚀槽换药前进行。

说明

此类返工一般在较快的滚轮速度下跑片，因此在返工上片时应加大片间距，要求片间距不得小于 $5cm$，调节好排风、流量等，控制好液面高度，防止过刻。

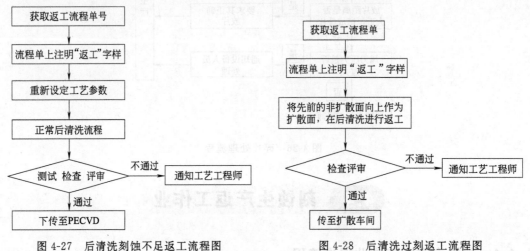

图 4-27　后清洗刻蚀不足返工流程图　　　　图 4-28　后清洗过刻返工流程图

b.后清洗过刻　过刻是指刻蚀宽度大于 $1.5mm$。出现此类情况，易导致丝网印刷时正电极栅线直接与 P 型硅接触，造成电池短路。过刻的片子必须全部隔离，返工流程如图 4-28 所示。

说明

此类返工片将原先的非扩散面向上走后清洗，返工后拿回扩散车间，重新进行扩散。

c.后清洗各类脏片（表面脏污未洗尽，指纹印，药液或水珠残留，滚轮印等）　出现此类情况，除较浅滚轮印经 QC 评审后可下传，其余此类情况的硅片必须隔离、集中后清洗返工，如果流传，则将在其他工序造成各种不良。返工片要求集中在每次刻蚀槽换药前进行。返工流程如图 4-28 所示。

说明

此类返工一般在较快的滚轮速度下跑片，因此在返工上片时应加大片间距，要求片间距不得小于 $5cm$，同时应调节好排风、流量等，控制好液面高度，防止过刻。

4.4.2　RENA 刻蚀设备的基本维护

(1) 更换排废泵

准备工作：防化服、防酸手套、防酸鞋、防护头罩、废纸废布若干、安全维护牌若干、垃圾桶。

① 主界面点击 manual 模式（图 4-29）。

② 在机器前面挂好安全检修牌子。

③ 打开该泵安装位置的后盖板（图 4-30）

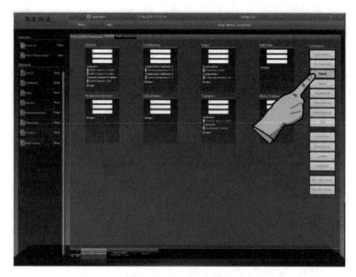

图 4-29 manual 模式

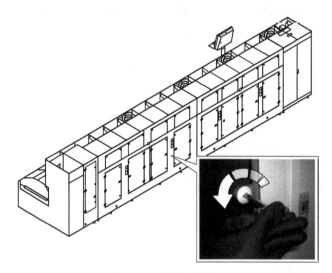

图 4-30 设备后盖板

④ 把该泵前面的感应传感器拆下来,把控制该泵的气管拿下来,防止机器的误动作,造成意外的人身危险。

⑤ 在泵的周围放点布,吸掉漏出的药液,再把排废泵的进液管和出液管拆出来即可。

⑥ 把新的排废泵按相反的步骤安装上去。

(2) 槽体排液清洗

准备工作:防化服、防酸手套、防酸鞋、防护头罩、废纸废布若干、安全维护牌若干、垃圾桶、pH 试纸。

由于槽体长时间在酸碱液体下浸泡,会有大量的脏物产生,尤其是碱槽,会产生很多结晶。此外,还有平时的碎片掉落在槽体内,如果不定时处理,就会对工艺或者传动造成影响。洗槽有两种模式:自动清洗和手动清洗。

① 自动清洗　主要功能是把 bath 槽的药液排到 pump tank 中，并和 pump tank 的药液一起排出去，然后往 pump tank 中加入 DI 水，由循环泵抽到 bath 槽中，达到浸泡、清洗滚轮槽体的效果，最后全部废液一起从 pump tank 中排出去。

a. 主界面点击 manual 模式（图 4-31）。

图 4-31　manual 模式

b. 点击 machine show。

c. 点击 manual function。

d. 点击 manual function。

e. 点击 clean，如果要停止就点击 stop。

② 手动清洗　主要功能是利用水枪对 bath 槽进行人工手动清洗，可以清洗到自动清洗模式下的盲区。它和自动清洗的区别在于 bath 槽中的废液不排到 pump tank 中，而是直接从排废管道排走，清洗的 DI 水由水枪提供。

a. 主界面点击 manual 模式。

b. 点击 machine。

c. 点击 process bath show。

d. 点击 manual functions。

e. 点击 start manual rinse，清理完成后点击 stop。

f. 点击 lock pane 打开槽体盖板，用 pH 试纸检测到槽体酸碱性为中和为止。

（3）传动链条加油

准备工作：润滑油、废纸废布若干、安全维护牌若干、垃圾桶。

① 点击主界面的 transport show（图 4-32）。

② 点击 sequence show（图 4-33）。

③ 点击 start transport in service mode（图 4-34）。

④ 把传动速度改小一点，1m/min 左右，把传动电机的盖板打开（在机器的前后两端），然后就可以顺着转动链条的方向均匀地抹上润滑油。

（4）更换循环泵滤网滤芯

准备工作：防化服、防酸手套、防酸鞋、防护头罩、废纸废布若干、安全维护牌若干、垃圾桶。

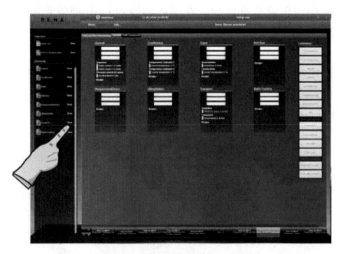

图 4-32　主界面的 transport show

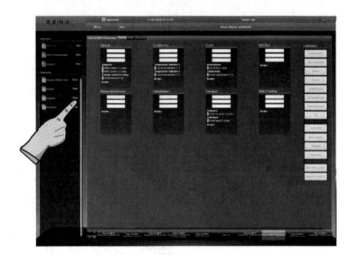

图 4-33　主界面的 transport show

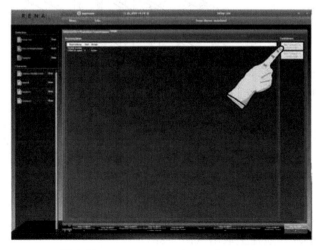

图 4-34　start transport in service mode

由于 pump tank 中的药液会有异物，在循环泵抽到 bath 槽的管道中会有一个过滤装置，所以需要定期对过滤装置进行清洁保养，防止其造成管道堵塞，使循环泵电流过高，变频器报警。

更换清理过滤器之前，必须对循环泵所在的 pump tank 排液清洗（详细步骤见排液清洁槽体）以保证安全。

① 主界面点击 service（图 4-35）。

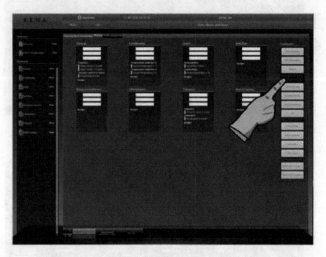

图 4-35　service

② 打开对应的槽体后盖板（图 4-36）。

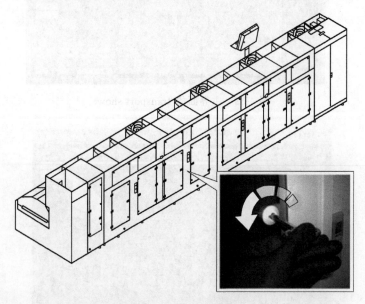

图 4-36　槽体后盖板

③ 把过滤器两端的管道口旋开（图 4-37）。

④ 把过滤器小心翼翼地往上取出（图 4-38）。

⑤ 把滤芯取出清理或者更换（图 4-39）。

图 4-37 过滤器

图 4-38 取出过滤器

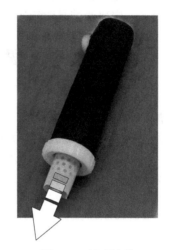

图 4-39 清理滤芯

⑥ 按照相反的循序把过滤器安装回去即可!

(5) 清洁

① 设备表面清洁 频次:每班。

用湿布将观测窗有机玻璃和设备外表面擦洗干净,注意不能把水溅到各药液中。

② 设备工作区清洁 频次:每班。

保持设备工作区清洁干燥。

③ 设备维护区清洁 频次:每保养日。

设备背部碱和杂物清洁。

(6) 应急响应措施

① 停电

a. 设备人员在停电前,把各制绒/刻蚀槽内液体打进循环槽,其余酸碱排空。

b. 退出电脑监控程序,关掉电脑,并关掉控制总电源。

② 供电

a. 等电力正常后,检查冷却水、压缩空气是否正常。

b.打开设备总电源，按照生产程序依次给各个槽补液。

c.工艺人员打开电脑，根据情况增加新的工艺程序。

d.设备人员巡查设备状况。

e.等设备正常后，通知生产和工艺人员进行生产操作。

③ 大量酸泄漏

a.立即启动事故处理程序，通知生产员停止生产工艺，并退出第一现场。

b.通知外围设备管理者进行紧急排风，必要时进行人员疏散，并上报有关部门。

c.设备、工艺及生产相关人员穿戴好防酸用服装，排除泄漏故障，一切正常后，通知生产及工艺人员进行生产。

(7) 安全注意事项

① 进入设备时，一定要穿戴好防护用具。

② 观察碎片时，一定要将观测窗关闭。

③ 维护管道时，一定要清楚是酸管还是碱管。

思考题

1.分析硅片湿法刻蚀的作用。

2.描述反应槽中进行的化学反应。

3.分析刻蚀中容易产生的问题及检测方法。

4.作业过程中采取哪些措施防范酸碱化学物质的危害？

5.刻蚀过量或刻蚀不足时，硅片表面方阻的数值将会如何变化？

6.发生过刻的流程片还可以进行返工吗？

模块 5

硅片减反射膜的制备

知识目标

① 了解减反射膜的减反射原理。

② 解释减反射膜材料对晶硅太阳电池性能的影响。

③ 了解硅片减反射膜生长的 3 个阶段及其工艺原理。

④ 熟悉 PECVD 设备软件系统操作界面。

⑤ 熟悉 PECVD 生产的作业流程。

⑥ 了解 PECVD 补镀作业标准。

技能目标

① 能够举出等离子增强化学气相沉积（PECVD）反应的 8 个基本步骤。

② 掌握 PECVD 生产设备的操作方法。

③ 能进行石墨舟的清洗与更换

④ 掌握 PECVD 返工生产流程。

5.1 减反射膜的制备工艺流程

晶体硅太阳电池制造是一个平面加工的过程。晶体硅太阳电池的各道工序的制造过程，都是以平面加工为特点的，等离子化学气相沉积（Plasma Enhanced Chemical Vapor Deposition）工艺也是如此。通过 PECVD 工艺，可以在硅片整个表面生长减反射膜。减反射膜在晶体硅太阳电池结构中起着重要的作用。本章将描述薄膜沉积的过程和所需的设备，重点讨论 SiN_x 减反射膜的沉积。

5.1.1 减反射膜概念

一般情况下，固体物质具有三维尺寸（长、宽、高），而薄膜由于其在某一维上的尺寸

（通常是高度或者称为厚度）远远小于另外两维上的尺寸，在理论上常被近似为二维物体。薄膜沉积在厚度比薄膜本身大很多的硅片衬底上，薄膜表面原子与衬底表面原子距离非常近，所以硅片表面对薄膜的物理、机械、化学、电学等特性有重要的影响。描述薄膜厚度的单位有微米（$1\mu m = 10^{-9} m$）和埃（$1\overset{\circ}{A} = 10^{-10} m$）。

在晶体硅太阳电池加工中可以接受的减反射膜，一般需要具备如下的膜特性：

- 好的台阶覆盖能力；
- 好的厚度均匀性；
- 高纯度和高密度；
- 好的填充深宽比间隙能力（适用于需要在薄膜上进行开槽的太阳电池结构）；
- 化学剂量及薄膜组分可控；
- 好的结构完整性以及低的膜应力；
- 好的电学特性，如高介电常数、高绝缘性能、漏电低、抗氧化；
- 对衬底材料具有好的附着力。

晶体硅太阳电池制造中，经常采用的薄膜材料有氮化硅（Si_xN_y）、二氧化硅（SiO_2）、氧化铝（Al_2O_3）等。

5.1.2 薄膜生长的步骤

薄膜沉积的过程有 3 个阶段。

第一步是形成晶核。这一步发生在起初少量原子或分子反应物结合起来，形成附着在硅片表面的分离小膜层的时候。晶核直接形成于硅片表面，是薄膜进一步生长的基础。

第二步是聚集成团簇。这些随机方向的团簇，依照表面的迁移率和团簇密度来生长。

第三步是成膜。团簇不断生长，直到形成连续的膜。这些团簇汇集合并形成固态的薄层，会延伸铺满衬底的表面。

单个的团簇在遇到相邻团簇之前，其大小取决于衬底表面的反应物的移动速率以及反应核的密度。高的表面速率或低的成核速度，会促进相对大的团簇的形成。另一方面，低的表面速率和高的成核速率，会导致短程无序的无定形结构薄膜的生长。低的沉积温度通常会导致无定形膜的生成，这是因为低的热能会减低反应物的表面速率。

根据薄膜的结构，沉积的薄膜可以是无定形、多晶或者单晶的。晶体硅太阳电池制造中使用的氮化硅减反射膜是无定形的。

5.1.3 减反射膜的作用

目前晶体硅太阳电池产品均采用减反射膜结构，其具有几个主要功能。

① 隔离和保护作用 $Si_xN_yH_z$ 被用作硅片最终的钝化保护层，它能防止划伤，很好地抑制钠离子等杂质的扩散和隔绝潮气。氮化硅有高的介电常数（即 k 值为 6.9），不适宜作为两层导电介质之间的层间介质，因其会导致导体之间大的电容。

② 减反射作用 减反射膜是以光的波动性和干涉现象为基础的。两个振幅相同、波长相同的光波叠加，那么光波的振幅增强；如果两个光波振幅相同，波程相差，如果这两个光波叠加，那么互相抵消了。减反射膜就是利用了这个原理，在镜片的表面镀上减反射膜，使得膜层前后表面产生的反射光互相干扰，从而抵消了反射光，达到

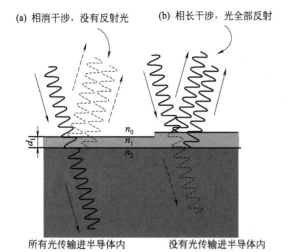

(a) 相消干涉，没有反射光   (b) 相长干涉，光全部反射

n_0
n_1
n_2

所有光传输进半导体内   没有光传输进半导体内

图 5-1 减反射作用

减反射的效果，如图 5-1 所示。设半导体、减反射膜、空气的折射率分别为 n_2、n_1、n_0，减反射膜厚度为 d_1，则反射率 R 为：

$$R = \frac{(n_0 n_2 - n_1^2)^2}{(n_0 n_2 + n_1^2)^2} \tag{5-1}$$

当上式分子为 0，即 $n_0 n_2 = n_1^2$ 时，反射最小。对于电池片，$n_0 = 1$，$n_2 = 3.87$，则 $n_1 = 1.97$。对于组件，$n_0 = 1.14$，$n_2 = 3.87$，则 $n_1 = 2.1$。考虑到实际情况，一般选择薄膜的折射率在 $2.0 \sim 2.1$ 之间。地面光谱能量峰值为 $0.5\mu m$，太阳电池响应峰值在 $0.8 \sim 0.9\mu m$，减反射最好效果在 $0.6\mu m$ 左右（$0.5 \sim 0.9\mu m$）。当光学厚度等于 1/4 波长时，反射率接近于零，即：

$$d_1 = \frac{1}{4} \times \frac{\lambda'}{n_1} \tag{5-2}$$

③ 钝化作用 对于多晶硅，因存在较高的晶界、点缺陷（空位、填隙原子、金属杂质、氧、氮及它们的复合物），因此对材料表面和体内缺陷进行钝化就显得特别重要。钝化硅体内的悬挂键等缺陷，在晶体生长中受应力等影响，造成缺陷越多的硅材料，氢钝化的效果越好。氢钝化可采用离子注入或等离子体处理。在多晶硅太阳电池表面采用 PECVD 法镀上一层氮化硅减反射膜，由于硅烷分解时产生氢离子，对多晶硅可产生氢钝化的效果。应用 PECVD 沉积 Si_3N_4，可有效降低表面复合速度。

5.1.4 基本的化学气相沉积反应的主要步骤

硅片的表面淀积会在硅片上形成一层连续的薄膜，成膜物质来自外部源，其中源种类可分为气体源和固体源。按淀积工艺涉及的反应方式分为化学气相淀积（Chemical Vapor Deposition，CVD）和物理气相淀积（Physical Vapor Deposition，PVD）。

CVD 是在反应室内，气态反应物经化学反应生成固态物质，并淀积在硅片表面的薄膜淀积技术。PVD 是通过蒸发、电离或溅射等过程，产生固态粒子沉积在硅片表面或继续与气体反应得到所需薄膜。

CVD 的基本特征：

① 产生化学变化（化学反应或热分解）；

② 膜中所有材料都来源于外部的源；

③ CVD 工艺中反应物必须以气相形式参与反应。

基本的化学气相沉积反应包含 8 个主要步骤，以揭示反应的机制：

• 反应气体从反应腔入口进入，并流动到硅片表面的沉积区域；

• 在化学气相反应的最初阶段，反应生成先驱产物（即组成膜最初的原子和分子）和副产物；

- 先驱产物附着在硅片表面；
- 先驱产物吸附在硅片表面；
- 先驱产物向膜生长区域的表面扩散；
- 在硅片表面发生表面反应，导致膜沉积和副产物的不断生成；
- 副产物从硅片表面释放移除；
- 副产物从反应腔室中被排出。

CVD 传输和反应步骤如图 5-2 所示。

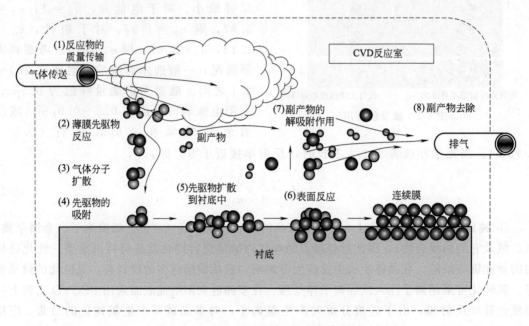

图 5-2　CVD 传输和反应步骤示意图

不同的 CVD 工艺具有不同的反应腔设计，CVD 反应依据反应腔中的压力，可分为常压 CVD（APCVD）和减压 CVD，其中减压 CVD 又分为低压 CVD（LPCVD）、等离子增强减压 CVD（PECVD）及高密度等离子增强 CVD。

5.1.5　等离子增强化学气相沉积（PECVD）反应和工艺流程

等离子态是物质的第四种状态，这一新的存在形式是经气体电离产生的、由大量的带电粒子（离子、电子）和中性粒子（原子、分子）所组成的体系，因其总的正、负电荷数相等，故称为等离子体。它具有以下几个特点：

① 等离子体是在整体上保持电中性而又能导电的流体；

② 气体分子间不存在静电磁力，而等离子体粒子间存在库仑力，并导致带电粒子群特有的集体运动；

③ 等离子体的运动行为明显地受到电磁场的影响和约束；

④ 不是任何电离气体都是等离子体，只有当电离度大到这种程度，使带电粒子密度达到所产生的空间电荷，足以限制其自身运动时，系统才转变成等离子体。

PECVD 是 CVD 技术的一种。它是借助微波或射频等，使含有薄膜组成原子的气体电离，在局部形成等离子体，而等离子化学活性很强，很容易发生反应，在硅片上沉积出所期望的薄

膜。所用的活性气体为 SiH_4 和 NH_3。这些气体经解离后反应，在硅片上长出氮化硅膜，可以根据改变硅烷对氨的比率，得到不同的折射指数，如图 5-3 所示。在沉积工艺中，伴有大量的氢原子和氢离子产生，使得晶片的氢钝化性十分良好。

理想的反应如下：

$$SiH_4（气）+NH_3（气）\longrightarrow SiN_x:H_y+H_2$$

$$(5-3)$$

图 5-3 PECVD方法在单晶硅片上沉积
SiN_x 减反射膜（薄膜厚度 78nm）

PECVD 制备减反射膜工艺流程如图 5-4 所示。

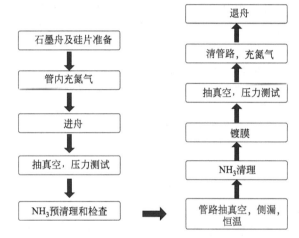

图 5-4 PECVD 制备减反射膜工艺流程

【拓展知识】

（1）深宽比间隙

深宽比定义为间隙的深度和宽度的比值。深宽比用比值的形式描述，比如 2∶1，表示间隙的深度是宽度的 2 倍。在选择性发射极结构、Al_2O_3 钝化结构电池的制备过程中，填充介质层上很小的间隙和孔的能力成为十分重要的薄膜特性。对于穿过介质层的通孔或槽，都需要进行有效间隙填充。高的深宽比的典型值大于 3∶1。

（2）Si_3N_4 膜的认识

Si_xN_y（$x=3$，$y=4$）膜的颜色随着它的厚度的变化而变化，其理想的厚度是 80nm 左右，表面呈现的颜色是深蓝色，Si_3N_4 膜的折射率以 $1.9\sim2.1$ 之间为最佳，与酒精的折射率相近，可以用酒精来粗略判断其折射率是否符合要求。

Si_3N_4 膜颜色随厚度的变化如图 5-5 所示。

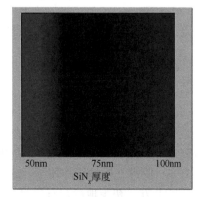

图 5-5 Si_3N_4 膜颜色随厚度的变化

5.2 PECVD 生产设备及操作

在晶硅太阳电池工业生产中，减反射膜基本上都是采用 PECVD 沉积系统制备的。本任务主要介绍 Centrotherm 公司的批处理式 PECVD 设备的基本结构和软件操作。通过本任务的学习，熟悉设备结构、功能，并能进行设备操作和简单问题处理。

5.2.1 PECVD 沉积方法

PECVD 沉积方法是一种低温薄膜沉积方法。等离子体处于一种非平衡状态，等离子体中的分子、原子、离子或激活基团与周围环境处于一个相对稳定的状态，而等离子体中的非平衡电子由于其质量很小，平均温度可以高出其他粒子 $1 \sim 2$ 个数量级，因此具有较高的反应活性。在较低温度下，可使用电弧激发反应腔体中的反应气体，使其活化形成等离子态，进而实现较低温度下的薄膜沉积化学反应。根据等离子体化学反应发生的位置，可以区分为离域沉积反应和表面沉积反应。

通常需要 800℃ 以上才能够激活反应生长的氮化硅薄膜，采用等离子增强化学沉积方法，只需要 $250 \sim 300$℃ 的温度就可以完成。反应中产生的副产物随气流被真空泵抽出反应腔体。

晶体硅太阳电池工业制造中，使用硅烷（SiH_4）、氨气（NH_3）作为源气体，反应方程式为：

$$SiH_4(气) + NH_3(气) \longrightarrow SiN_x : H_y + H_2$$

生成的氮化硅减反射膜是无定形的，通常含有大量的氢，H_2 的含量一般为 $9\% \sim 30\%$。较高的氨气含量和较低的沉积温度，会增加氢含量。PECVD 法沉积氮化硅会增加膜的压应力，原因是沉积过程中的离子轰击会破坏 Si—N 或 Si—H 键；膜中的氢能够减小膜的压应力，但氢也会使膜的特性发生蜕化。

不同 CVD 反应器的主要差别是，它们是热壁反应还是冷壁反应。热壁反应采用加热的方法，不仅加热硅片，还加热硅片的载板以及反应腔室的侧壁。热壁反应会在硅片表面和反应腔室的内壁上形成沉积膜，因此需要频繁清洗反应腔室来减少颗粒沾污。冷壁反应器只加热硅片和硅片载板，反应器的侧壁由于温度较低而没有足够的能量形成沉积膜，不需要频繁清洗反应腔室，并且源气体的利用率较高。APCVD（常压 CVD）、LPCVD（低压 CVD）是热壁反应器，而 PECVD（等离子增强 CVD）是冷壁反应器。

5.2.2 Centrotherm 公司批处理式 PECVD 设备结构

该设备主要包含以下几个部分：晶片装载区、炉体、特气柜、真空系统、控制系统。设备外观如图 5-6 所示。

(1) 设备各结构布置（图 5-7）

① 硅片装载区 由桨、机械臂系统、抽风冷却系统、软着陆系统组成。桨由碳化硅材料制成，具有耐高温、防变形等性能。作用是将石墨舟放入或取出石英管。机械臂系统（LIFT）使舟在机械臂作用下，在小车、桨、储存区之间互相移动。抽风冷却系统位于晶片装载区上方，初步地冷却石墨舟和一定程度地过滤残余气体。软着陆系统（SLS）控制桨的上下，移动范围在 $2 \sim 3$cm。

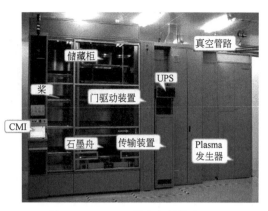

图 5-6　Centrotherm 的管式 PECVD 设备　　　　　图 5-7　PECVD 设备各结构布置

② 传送机构　传送机构在硅片装载区内，主要由桨、机械臂系统、软着陆系统等组成。图 5-8 为硅片装载区。

③ 炉体结构（图 5-9）　设备炉体主要包括石英管、加热系统、冷却系统。

图 5-8　硅片装载区　　　　　　　　图 5-9　炉体结构

炉体内有 4 根或 3 根石英管，是镀膜的作业区域，耐高温。加热系统位于石英管外，有 5 个温区。冷却系统是一套封闭的循环水系统，位于加热系统的金属外壳，四进四出，并有一个主管道，可适量调节流量大小。

（2）控制系统

① 加热控制　加热控制主要包含检测热电偶、TMM5 温度模块以及 CMS 模块等，如图 5-10 所示。

② 冷却系统　冷却系统主要包含水冷却和风冷却。水冷却是由冷却水通过冷凝器和热交换块冷却。风冷却是由冷却风扇经冷却通道进行风冷。图 5-11 为冷却系统示意图。

③ 特气控制和真空系统（图 5-12）　特气主要由特气柜、气动控制阀、MFC 质量流量计等组成。

每个石英炉管配一台真空泵，真空泵又含主泵和辅助泵。采用蝶阀控制流量大小，调节管内气压。

④ CMI 控制系统　Centrotherm Machine Interface（CMI）是 Centrotherm 研发的一个

图 5-10 加热控制装置

1—CMS 模块；2—温差电偶；3—电源连接板；4—温度测量模组

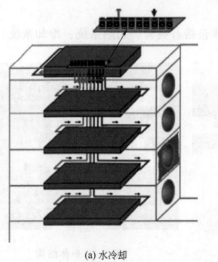

(a) 水冷却

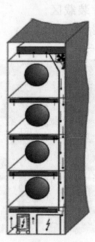

(b) 风冷却

图 5-11 冷却系统

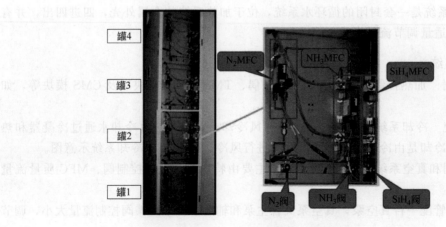

图 5-12 特气控制和真空系统

控制系统，其中界面菜单栏包括 Jobs 、System、Datalog、Setup、Alarms、Help。

Jobs：机器的工作状态。

System：4根管子的工作状态、舟的状态以及手动操作机器臂的内容。

Datalog：机器运行的日志。

Setup：舟的资料更改，工艺内容的更改，使用权限的更改，机械臂系统位置的更改，CMS 安全系统（安装感应器监控重要系统的运行情况，而一旦不受计算机的控制，CMS 将会发生作用，所有的错误信息都会在 CIM 上以简洁的文本方式显示出来）的更改等。

Alarms：警报信息。

Help：简要介绍解除警报以及其他方面的方法。

CMI 界面如图 5-13 所示。

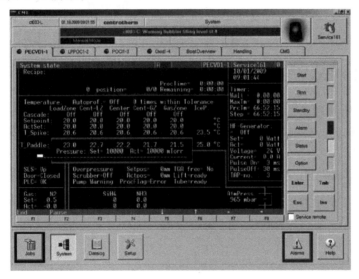

图 5-13　CMI 控制系统

⑤ CESAR：控制电脑　每个系统都安装了 CESAR 控制电脑及 CESAR 控制软件，如图 5-14 所示，界面图如图 5-15 所示。

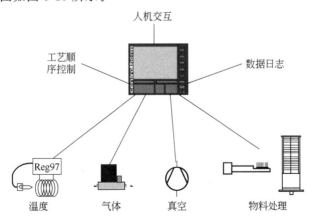

图 5-14　CESAR 控制系统

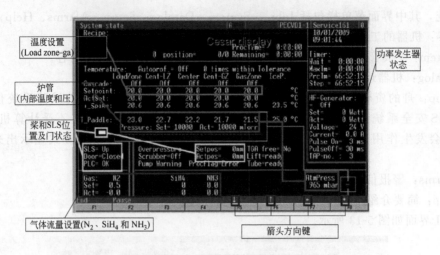

温度设置
(Load zone-ga)

炉管
(内部温度和压)

桨和SLS位
置及门状态

功率发生器
状态

气体流量设置(N₂、SiH₄和NH₃)

箭头方向键

图 5-15　CESAR 界面图

【相关知识】PECVD 设备维护

(1) 维护前所要准备的工具

需准备的工具包括公制内六角扳手一套、活络扳手、石英钩、吸尘器、无水酒精、抹布、防护眼罩等。

(2) 维护内容

① 清洁炉管　由于石墨舟在炉管里面进行镀膜反应，镀膜后在石英管里面会有一些碎片掉落在炉管里面，为了不影响设备的加热效率，所以要经常清洁设备、石英管里面的碎片。更换步骤如下：

a. 将设备关机降温、破真空；

b. 打开真空炉门；

c. 使用清洁过的石英钩将石英管里面的碎片钩出来；

d. 使用酒精无尘布清洁炉门密封圈和密封端面；

e. 关闭炉门。

② 检查 VAT 蝶阀状态，有无信号状态错误，拆开进行阀体清洁。

③ 校正小推车，调整后进行紧固。

④ 软着陆系统的检查与润滑。

⑤ 机械臂系统机构的检查与润滑。

⑥ 各气体管道连接处的检查，确认无白色晶体物出现（尤其是特气的管道连接处）。

⑦ 检查各水路通道，确认无漏处。

(3) 季度维护主要内容

① 冷却风扇过滤器清洁　由于冷却风扇一直在运行，会有大量的空气经过过滤器过滤后送进设备内部，所以长时间运行后，会有大量灰尘吸附在过滤器上面，影响过滤效果。具体操作如下：

a. 打开设备背面盖板；

b. 将过滤器取出来，使用吸尘器清洁过滤器；

c.将清洁完的过滤器安装到设备上面；

d.盖上背面盖板。

② 冷却水过滤器的清洁　由于冷却水在设备里一直在流动，所以冷却水里面会存在一些杂质，会把过滤器堵死，从而造成设备故障，所以需要定期进行清洁。具体操作如下：

a.将设备关机、降温；

b.将冷却系统的泵停掉；

c.将过滤器的进水阀和出水阀关掉；

d.使用扳手将过滤器拆卸下来，过滤器件是不锈钢做的，可以把它放入水中用刷子洗刷或者更换新的；

e.将清洗过的过滤器重新安装上去；

f.打开进水阀和出水阀，检查有没有漏水。

③ 电气控制柜及电气元件的检查与清洁。

④ 各炉体的检查与清洁。

⑤ 压力测试仪器矫正。

⑥ 真空压力测试。

⑦ 各气体管道连接处的检查，确认无白色晶体物出现（尤其是特气的管道连接处）。

⑧ 检查各水路通道，确认无漏处。

(4) 相关常规操作

① 桨的调节　调节桨的时候最好放一个舟上去，以便更好地观察桨的情况。要想观察桨是否处于水平状态，最好打开炉门进行调节。

a.手动打开炉门操作

（a）Manual—Vacuum—Tube—Pressure—10000mtorr（首先把炉管里的压强设置为1.3kPa）。

（b）Manual—Gas—N_2、NO—Valve—Open（对炉管充气，使其达到大气压强）。

（c）Manual—Boat—Position—Setpoint—10mm，（桨位于10mm是触发打开炉门条件之一）。文件各页页脚字体：Time New Roman，小五号，居中对齐，如1/9。

b.桨的整体上下是由尾部的两个螺栓固定的，当桨有下沉的现象发生时，用活动扳手松开两个螺母，之后再调节两个螺栓。观察桨的上下位置在炉门口的距离，如图5-16和图5-17所示。

c.桨的水平位置是由前面的两个螺栓固定的。用水平尺测量桨的水平状态，用上面同样的方法调节，如图5-18所示。

d.用手动的方法在有舟的情况下来回试几次，没有卡桨现象即可。

② 蝶阀的更换

a.更换蝶阀时需使炉管里为大气压强，并关闭真空泵。

Manual—Vacuum—Tube—Pressure—10000mtorr

Manual—Gas—N_2、NO—Valve—Open

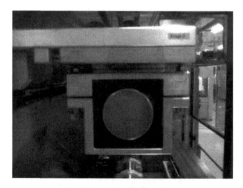

图5-16　桨的固定

图 5-17 桨的上下位置

Manual—Vacuum—Pump—Switch—OFF（关闭真空泵）

b.将连接到蝶阀上的 CAN 总线等全部取下，如图 5-19 所示。

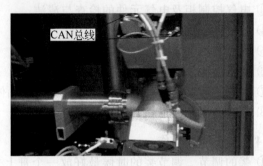

图 5-18 桨的水平位置   图 5-19 取下 CAN 总线

c.用活动扳手将固定蝶阀的六角螺栓取下，接着就可以取下蝶阀，对被氧化的部分用砂纸打磨，密封圈处用酒精擦拭干净后，逆向安装上即可，如图 5-20 所示。

③ 更换 SiH_4 的质量流量计（MFC）

a.置换前操作（手动清洁工艺气体管路）

（a）更换前要加载 SiH_4 的吹扫工艺两次以上。

（b）手动设定将管内抽至真空。

（c）关闭整台设备 SiH_4 进气端手动阀门。

（d）将一待清洗的舟放入要更换质量流量计的炉管进行生产，耗尽管路中残余 SiH_4，查看总的进气端流量，指示针显示为最小即可。

图 5-20 安装蝶阀

（e）切换 N_2-SiH_4 的旁通阀。

（f）N_2 吹扫要更换质量流量计的 SiH_4 的管道：

• 在菜单栏点击 manual—scrubber—ON；

• 在菜单栏点击 manual—GAS—SiH_4—to tube/to pump—to pump；

• 在菜单栏点击 manual—GAS—SiH_4—volume—max。

（g）切换 N_2-SiH_4 的旁通阀，待真空抽至 1.4Pa 以下维持至少 10s。

（h）步骤（e）～步骤（g）循环做，累计 10 次后，N_2-SiH_4 的旁通阀打开（N_2 可以过 SiH_4 管道）。

(i) 拔掉质量流量计下阀岛左端的气管（标有 SiH_4）。

(j) 待真空抽至 5Pa（40mtorr）以下维持 10s 以后，插上气管。

(k) 步骤（i）～步骤（j）操作重复，累计 10 次。

(l) 关闭该支路的进气端阀门并待机。

b. N_2 充填，N_2 吹扫

(a) 在菜单栏，点击 manual—scrubber—ON。

(b) 在菜单栏，点击 manual—GAS—SiH_4—to tube/to pump—to pump。

(c) 在菜单栏，点击 manual—GAS—SiH_4—volume—max。

(d) 在菜单栏，点击 manual—GAS—SiH_4—toxgas/N_2-N_2。

(e) 在菜单栏，点击 manual—GAS—SiH_4—enable（注：此时状态保持 10min）。

(f) 将 N_2 进气阀（手动切断阀）门关掉。

(g) 待真空泵抽至 SiH_4 MFC 实际流量为 0。

(h) 重复上述步骤 9 次，累计 10 次。

c. SiH_4 的质量流量计（MFC）更换

(a) 打开 N_2 进气阀（手动切断阀）门，保持 N_2 的气动阀门打开。

(b) 更换 MFC（注：置换 SiH_4 MFC 必须使用新的 VCR 1/4 垫片，并清洁 MFC 进气和出气口）。

d. 检漏

(a) 外部检漏

• 拆开炉管尾部的 N_2 吹扫连接，将检漏仪连接到 to pump 的 N_2 吹扫管路。

• 用盲塞关闭此处，连接严密。

• 开启检漏仪。

• 打开菜单栏，点击 manual—GAS—SiH_4—to tube/to pump—to pump，在菜单栏点击 manual—GAS—SiH_4—volume—max。

• 此时其他阀门不要打开，进行检漏。

• 向 SiH_4 MFC 等处喷氦气，等待 10min，检查并记录漏率（漏率必须低于 $3×E-8mbar$）（1bar$=10^5$Pa）。

(b) 内部检漏。在外部检漏之后，通过检漏仪进行层层检漏。

• 拔掉 MFC 上阀岛右端的气管（标有 N_2- SiH_4）。

• 对上阀岛进行检测，观察并记录漏率。

• 先拔掉 MFC 下阀岛右端的气管，再插上 MFC 上阀岛右端的气管（标有 N_2-SiH_4）。

• 对下阀岛进行检测，观察并记录漏率。

• 关闭 N_2 支路的进气端阀门，插上 MFC 下阀岛右端的气管。

• 对 N_2 支路的进气端阀门到下阀岛进行检测，并记录数据。

e. 管路吹扫　管路吹扫前，将以上操作的管路进行恢复。

(a) 手动设定 N_2 吹扫 SiH_4 管路 10min 左右，此时设定压力为 0 或 300mtorr。

(b) 维持上面的状态。

(c) 拔掉上阀岛右端的气管。

(d) 观察炉管内压力值显示 40mtorr 以下。

(e) 拔掉下阀岛右端的气管并插上上阀岛右端的气管。

(f) 观察待真空泵抽至 SiH_4 质量流量计 MFC 实际流量为 0，炉管内压力值显示 40mtorr

以下。

(g) 拔掉上阀岛右端的气管，并插上下阀岛右端的气管。

(h) 重复上面操作，累计 10 次。

(i) 加载 SiH_4 吹扫工艺至少 10 遍。

(j) 吹扫完毕后，恢复设备至可以进行工艺运行，通知生产人员和工艺人员进行调试。

(5) 生产部的维护内容

① 协助设备人员进行炉管的清洁。

② 协助设备人员进行简单的拆装。

③ 现场实行 5S 管理。

5.3 减反射膜制备生产作业

本任务主要介绍 PECVD 制备减反射膜的生产流程、正确操作和相关系统设置。通过本任务的学习，学生不仅能够熟练使用下舟小推车、载片盒、黑片盒、真空吸笔、工业酒精、无尘布和耐高温胶带等辅助工具和材料，还应能够对 PECVD 设备软件系统进行操作，正确完成石英舟插片和卸片等。

5.3.1 准备作业

① 操作人员穿戴好汗布手套、PVC 手套、口罩（要遮住口鼻），插片人员可将手套食指或拇指部分去除，方便操作吸笔。

② 操作流程：取片→装片→上料→镀膜→冷却→下料→舟维护。

③ 工具、夹具准备　上下舟小推车、载片盒、黑片盒、石墨舟、真空吸笔、工业酒精、无尘布和耐高温胶带，如图 5-21 所示。

(a) 上料黑片盒

(b) 上下舟小推车

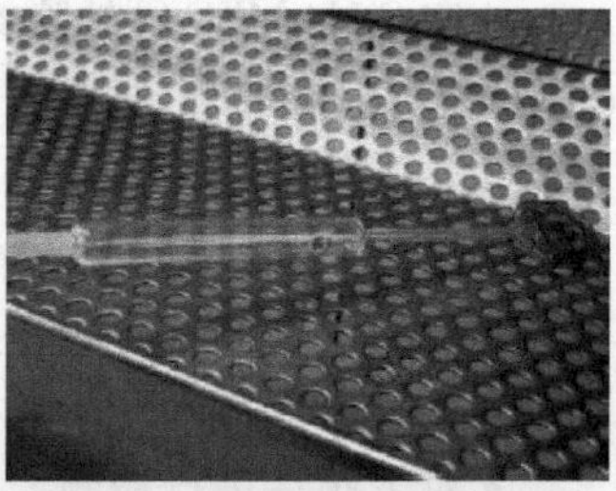

(c) 真空吸笔

(d) 石墨舟

(e) 下料黑片盒

(f) 载片盒(5格)

图 5-21　工具、夹具

④ 真空吸笔要及时用酒精和无尘布清洁,定时更换耐高温胶带或更换新的真空吸笔。

5.3.2　作业流程

① 后清洗技术员将硅片通过小车送到 PECVD 工序,PECVD 接收人员应通过目视承载盒,检查硅片情况是否与流程卡信息一致,检查数量、批次以及外观和隐裂等。

② 确认上下舟小推车外观是否完好。

① 目视检查小车台面是否平稳
② 检查小车台面控制器是否正常:用手握住推杆,上下用力观察台面是否会30°角倾斜,可以完成则控制器正常
③ 检查小车车轮是否正常:左右前后推行小车,观察小车行进是否顺畅,顺畅则视为小车车轮正常
④ 若遇到上述任何不正常的小车,应及时隔离,并通知设备人员来维修

③ 确认小推车各机构是否完好。

① 目视台面

② 轻微晃动台面,确定是否平稳

③ 左右晃动台面

④ 控制台面上下移动

⑤ 来回移动小车

④ 确认石墨舟是否完好

① 目视检查舟片是否有裂纹破损
② 检查舟在小车上是否平稳:轻微晃动小车,观察舟是否有较为剧烈的震荡,另外目视观察舟底部与小车是否平贴
③ 检查舟的紧固螺母是否松动:戴上规定防护用具后,用手轻微地扭动螺母,观察螺母是否锁紧
④ 有缺陷的舟应立刻隔离,标记清楚,并通知设备人员维修

⑤ 从石墨舟存储柜中取出石墨舟

① 打开石墨舟存储柜,移出一端
② 两人合作,将石墨舟抬出存储柜

③ 将石墨舟缓慢抬上小推车；
④ 检查石墨舟是否有破损和裂纹；
⑤ 检查螺母和螺丝是否锁紧

PECVD场景_取片插片

⑥ 插片作业

① 将载有后清洗下传硅片的小车推至指定位置，把装有硅片的黑片盒及流程单一起放置到上料架上
② 记录流程卡信息在生产操作记录表上，核对信息正确性

③ 检查无误后把装有硅片的片盒搬到装片房，检查硅片是亮面朝上还是暗面朝上。正常时暗面朝上，若发现亮面朝上，要咨询工序长及工艺人员，确认是否可以镀膜

④ 将小车台面调整到斜向上30°角位置，车上石墨舟也按这个角度倾斜，检查石墨舟是否有损，包括周片、陶瓷棒、陶瓷套筒及螺母等石墨件，确保无异常

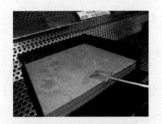

⑤ 将真空吸笔头平行地放到硅片表面，位置为靠近片盒开口处一侧，能确保吸笔孔完全覆盖住硅片时的位置，距离片盒左侧2/3处（右侧1/3处），食指封住进气小孔，吸住硅片

⑥ 吸住硅片后，轻轻上抬0.5～1mm左右，确保上下硅片分开，不可上抬过高，防止碎片和隐裂片产生

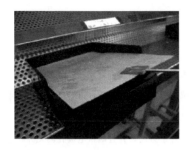

⑦ 将硅片向着身体一侧斜向上 20°角方向沿着片盒边缘从片盒中取出硅片，不可左右摇晃，防止硅片撞击片盒左右边缘而造成破片或崩边

⑧ 将硅片沿着石墨舟片平行方向，缓缓贴着石墨舟片下移，注意观察该片槽内是否已经有硅片，防止片子重叠

⑨ 下移时主要不能左右摇晃，防止硅片撞击两侧陶瓷棒及陶瓷套筒

⑩ 待底部两个定位销及左侧（或右侧）定位销完全卡住硅片后，食指松开，手上提

⑪ 注意事项：

a. 一手一盒；

b. 插片时硅片贴着舟片滑入槽内；

c. 完成一面装片，要目视舟片，检查有无漏片；

d. 旋转台面时保持慢速均匀。

一舟插满了一定要检查是否整齐，确保硅片都卡在 3 个工艺点上

⑦ 上料

① 检查装片情况，看有无漏片以及工艺点没有固定的硅片

② 双手握住小车把手，慢慢把小车拉出装片房

③ 改握小车推手，把小车慢慢推到机器上料台附近

④ 调整石墨舟的电极方向，使之对准管子方向，并且确认电极孔内无异物

⑤ 小心将小车推入上料台，感应开关检测到石墨舟后气缸抬起

⑥ 设备 Unlock Trolley 灯亮，提示准备 OK

⑦ 显示界面上在 Lot1 位置输入批号

⑧ 在 Boat 位置输入石墨舟号

⑨ 在 Recipe 位置选择工艺号，工艺号的选择根据工艺提示单上的对照文件进行输入

⑩ 在 Tube 一栏选择 Automatic

⑪ 完成上述操作后点击 OK

⑫ 机械臂开始自动运行，三色灯、绿灯亮起

⑬ 人员在机械臂抓料上料过程中，必须在一旁进行监督，防止上料过程发生意外

⑭ 在机器上料结束后，人员开始填写表单、流程卡以及生产操作记录表

⑧ 下料冷却

① 镀膜工艺运行结束，机械臂提舟放在小车上，蜂鸣提示完成工艺，同时三色灯中绿色灯亮

② 人员按住绿色按钮，机器解锁，小车可以退出。把小车从上料台慢慢拉出，注意不要和机器发生碰撞

③ 小车从上料台出来后，员工把小车推入冷却房，冷却时间 7～8min。注意检查小车推进冷却房的深度有无达到标准，以便能将所有硅片都冷却

④ 冷却后，人员把小车推入装片房，准备下料工作

PECVD场景_冷却
石墨舟

⑨ 下料

① 将石墨舟向外倾斜30°角，注意双手操作，并且用力要均匀，速度注意要慢一点

② 准备好黑片盒后，左手托着黑片盒，右手使用吸笔，食指用于封住中间部位的小孔，然后把吸笔笔直地插入槽内

③ 轻轻地把吸笔头贴住硅片表面，操作位置和插片时一样，贴着石墨舟轻轻拉起，注意用力一定要轻，硅片吸出后放入黑片盒。放片时要先让硅片接触左侧和底部边缘，因这两侧有缓冲层，可以防止片子撞碎。在距离黑片盒很近的同时食指离开小孔，片子自然滑落到黑片盒内

④ 完成单面卸片后，把黑片盒放在装片房的固定台上，放好吸笔

⑤ 双手握住控制杆，向上抬起，将台面放水平

⑥ 旋转台面，到180°；旋转过程中注意不要让石墨舟碰到装片房，注意过程中舟的安全

⑦ 双手握住控制杆，用力下压，使台面再次朝外30°

⑧ 把片子全部按照之前一面吸的方法吸出，然后检查有无漏片在舟内

PECVD场景_下料转移

⑨ 整理完的一叠硅片前后放上中孔板或泡沫板，再放进载片盒内，避免硅片与载片盒边缘发生撞击，导致碎片

⑩ 记录相关信息到生产记录表以及流程卡上，要求信息记录要准确，避免造成差异

⑪ 将装有硅片的载片盒搬运到丝印前的硅片存放处，搬运过程中要注意双手必须托住底部，并且在托住的同时抓紧底部，避免片盒掉地

⑫ 返工片放入指定片盒内
⑬ 把碎片放到碎片专用盒内

5.3.3　石墨舟清洗和预处理

PECVD场景_清洗
石墨舟

（1）准备作业

① 检查石墨舟清洗机是否处于待机状态，无任何报警信息，确认清洗机有空置的酸槽，检查各控制阀、CDA 压力及液位开关是否正常。

② 准备好原辅料　HF 酸、去离子水。

③ 准备好汗布手套、乳胶手套、防化服（配液用）、洁净服、口罩（要遮住口鼻）、防毒面具、pH 试纸、护目镜和耐高温手套。

④ 监护人员和操作人员必须检查劳保用品有没有破损，特别是耐酸碱手套（指）是否有破损。操作人员必须穿戴好自吸过滤式防毒全面具（全面罩或防护眼镜）或空气呼吸器，穿橡胶耐酸碱服，戴橡胶耐酸碱手套和防护靴等劳保用品，如图 5-22 所示。

⑤ 工艺参数可根据实际情况做调整；HF（氢氟酸）浓度 10%；酸槽浸泡时间 5～6h；喷淋/浸泡时间 1～2h。

（2）配液

① 在清洗石墨舟前，先穿戴好围裙、防护手套和防毒

图 5-22　正确穿戴劳保用品

图 5-23 开瓶

面具，用纯水清洁清洗机酸槽和水洗槽，保证清洗机的洁净度，清洗结束后将酸槽和水洗槽都排空。

② 清洗干净以后，换上防化服和防护手套，在酸槽中配制浓度为 10%HF 的酸溶液。

③ 打开进水阀，向指定的酸槽内加去离子水（DI 水）至离设定液位（槽底以上 25cm，黄色标签指示）5cm 的位置，关闭进水阀门。

a.开瓶，轻轻拧开瓶盖，瓶盖朝上放置（图 5-23）。

b.右手握瓶把手，左手托住瓶底，沿着槽壁倒，防止酸液飞溅（图 5-24）。

c.倒完后将瓶盖盖回，拧紧后放入塑料袋（图 5-25）。

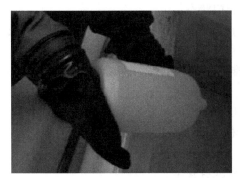

图 5-24 倾倒酸液

图 5-25 封装空瓶

d.倒液完成后，将空瓶放入包装箱中，放到指定位置，清理操作现场（图 5-26）。

图 5-26 清理现场

e.向指定酸槽内倒入规定量的 HF 10 瓶后，查看酸槽液位是否到设定值位置。若未到达，则打开进水阀，适当补加去离子水，直至到达指定液位。

(3) 清洗操作及石墨舟预处理

① 将清洗机内的机械手臂移至水洗槽一侧，将待清洗的石墨舟倒过来放入花篮内，否则石墨舟 4 个脚会碰撞到清洗机隔板。石墨舟要轻拿轻放，防止石墨舟片被刮伤。

② 确认设备的各过程时间设定（包括鼓泡时间、酸洗时间和水洗时间），没有异常就可以启动自动清洗按钮，机械手臂会自动将石墨舟送入酸槽内进行清洗。

③ 手动清洗过程如下：石墨舟放入花篮后，手动操作机械手臂移至酸槽内，浸泡 5～

6h，抬起观察是否去除干净，若没有，再放入酸槽浸泡1h，再检查，直至干净；将石墨舟通过机械手臂移至水洗槽内，开喷淋至水洗槽高液位，开鼓泡，清洗10min后排水；然后再喷淋，到高液位后开鼓泡1h，后排水，再喷淋，直到用pH试纸测试值为7左右为止。

④ 清洗结束后检查石墨舟外观，无异常后送入石墨舟烘箱进行烘干。

⑤ 烘干

a. 戴上耐高温手套，将清洗好的石墨舟抬入石墨舟烘箱中，关紧烘箱门。

b. 打开烘箱电源，依次打开仪表开关、排风开关和加热开关，在温控器上设定烘干的温度90℃，在时间继电器上设定烘干时间8～10h，点击启动按钮，开始烘干作业。

c. 烘干结束后，关闭加热开关，戴上耐高温手套，将石墨舟从烘箱中取出，放到小推车上，等待进炉管进行预处理作业。

⑥ 故障及排除方法

a. 清洗机附近酸气大，应检查顶部的排风阀门状态。

b. 机械臂上升下降时或左右移动时突然停止，检查4个限位开关的位置。如机械臂在上升下降时必须在左限位或者右限位，机械臂左移或者右移时必须在上限位。

c. 若进水开关不进水，应检查相应的排水开关是否关闭或者液位开关是否在下限位。

d. 排水按钮按了后不排水，应检查有没有压缩空气或者控制继电器有没有亮。

e. 液位在一段时间后变低，气动排水阀漏液，需调整阀芯或更换阀。

⑦ 注意事项

a. 配液或加液过程中需穿戴防化服，以确保人身安全。

b. 夜班时候禁止配液和补液操作。

c. 非石墨舟清洗人员不得操作此设备。

d. 设备运行时，不要把手和头伸入石墨舟清洗机里面，以免夹伤。

e. 设备日常清洁和维护保养时须关闭总电源。

f. 两侧的移动门保持常闭状态。

g. 机械臂运行前需确认花篮和挂钩的状态。

h. 机械臂运行时需注意花篮的位置。

i. 保护开关跳闸后需要查明原因后再复位。

j. 每清洗4只石墨舟，向酸槽内加2瓶HF（即8L）。

k. 清洗石墨舟的溶液，每隔9天换一次，并做好相应的记录。

⑧ 石墨舟预处理

a. 将烘干的石墨舟从烘箱中取出，放上指定的小推车。

b. 用指定的工艺方案（recipe）对石墨舟进行预处理，进舟操作参考《管式PECVD作业指导书》，工艺方案名称为：PRECOAT.PRZ。

c. 工艺运行结束后，将舟卸下，用氮气枪对石墨舟进行吹扫一次。

⑨ HF防护、急救措施及注意事项

a. HF特性及危害　HF为无色透明有刺激性臭味的液体，熔点-83.1℃（纯），蒸气密度1.27g/ml，沸点120℃，与水混溶。对皮肤有强烈的腐蚀作用。眼接触高浓度氢氟酸，可引起角膜穿孔。接触其蒸气，可发生支气管炎、肺炎等。眼和上呼吸道刺激症状，或嗅觉减退。可有牙齿酸蚀症，骨质弱化及变化。

b. 急救措施

（a）皮肤接触：30s 内立即使用现场提供的六氟灵冲洗 10min；立即脱去污染的衣着，用流动清水冲洗，至少 30min；然后在患处涂抹葡萄糖酸钙；就医。

（b）眼睛接触：30s 内立即使用现场提供的六氟灵冲洗 10min，用完瓶内六氟灵；立即脱去污染的衣着，用流动清水冲洗，至少 30min；然后在患处涂抹葡萄糖酸钙；就医。

（c）吸入：迅速脱离现场至空气新鲜处，保持呼吸道通畅。如呼吸停止，立即进行人工呼吸，避免口对口接触。就医。

（d）食入：若患者即将或者已经失去意识，勿经口喂食任何东西。误服者用水漱口，给饮牛奶或蛋清。就医。

c. 作业人员必须已经获得《危险化学品使用安全资格证书》，禁止无证操作。操作时必须有至少一人在场监护操作人员的劳保用品佩戴，并签名。

d. 务必按照作业要求穿戴好防护用品后方能作业。

e. HF 只允许开一瓶倒一瓶，禁止同时开多瓶。

f. 预处理工艺后要用氮气枪进行吹扫。

g. 为了避免生产中的石墨舟过少，每个班次处理的石墨舟数量不低于 2 只。

h. 在处理新舟时，若发现射频报警而导致石墨舟退出工艺，将石墨舟卸下，用氮气枪进行吹扫，然后用指定的工艺方案进行处理。

i. 若发现石墨舟在处理过程中出现异常情况，或者按上述方法仍然不能处理时，立即通知工艺工程师。

5.3.4 岗位操作注意事项

① 严格按照工序步骤操作，发现异常情况及时报告工艺人员或工序长。

② 舟的定期检查和清洗。

③ 每次切换工艺时需要重新确定 Si_3N_4 膜状态，且报告工艺人员或工序长。

④ 每个班次应抽取硅片测反射率、膜厚和折射率，并准确记录。

⑤ 整个 PECVD 生产过程中，要戴好口罩和一次性手套。

⑥ PECVD 等待装的片子需放入指定的储存柜中。

⑦ 注意工艺圆点大小，工艺圆点尺寸大于 1.5mm，则停止使用该舟，记录并通知设备人员检修。

⑧ 岗位涉及多种特气，需要注意特气安全。

⑨ 每周必须进行尾气处理系统的维护工作，以保障生产安全。

⑩ 在接触到石墨舟时，一定要小心使用，避免意外。

5.4 PECVD 补镀与返工生产作业

对于 PECVD 生产不合格的电池片，通过判别需要进行补镀或返工生产。通过本任务的学习，学生不仅能够掌握补镀和返工的作业标准和流程，而且能够正确完成相应的工艺设定。同时，还应能够使用椭偏仪对 PECVD 所镀膜的厚膜和折射率进行正确的测试。

5.4.1　返工作业

(1) 准备作业

① 确认石英管清洗机正常,无报警信息,返工片清洗,槽内无异物。

② 准备好原辅料　HF、去离子水。

③ 操作人员穿戴好汗布手套、乳胶手套、防化服(配液用)、洁净服、口罩(要遮住口鼻)、护目镜。

④ 工艺参数可根据实际情况做调整　HF 浓度 10%。HF 腐蚀时间:返工片浸泡时间:20min;漂洗时间:10min。

(2) 插片

将 PECVD 返工片统一放进用于返工片作业的承载盒中,注意镀膜面朝片盒大面。

(3) 配液

① 在处理返工片前,先清洁石英管清洗机返工片清洗槽,保证清洗槽的洁净度。

② 清洗干净以后,在该清洗槽中配制浓度为 10%HF 酸溶液。

③ 放入载有返工片的承载盒浸泡,浸泡时间参考工艺参数内容。

(4) PECVD 返工片清洗甩干

① 将载有返工片的承载盒通过夹具放入该清洗槽内,确保承载盒中的硅片能被完全浸泡,然后进行去膜处理,浸泡时间参考工艺参数内容。浸泡结束后,点击排液开关、排掉酸液,打开进水阀门,往清洗槽内注入纯水(去离子水)进行清洗,清洗时间按照工艺参数规定的进行设置。

② 清洗完成后,工序长或清洗人员观察硅片外观颜色及硅片疏水状态,清洗完后要求硅片为未镀膜前的颜色及垂直状态下表面不沾水。如发现沾水严重,可将硅片放回槽内,增加清洗时间,后面的承载盒可适当延长清洗时间。

③ 把清洗好的硅片放入甩干机中,按正常甩干工艺进行甩干。

(5) PECVD 返工片检测及流向

手戴乳胶手套,从盒底托起每一盒甩干完成的硅片,检查表面的氮化硅膜是否去除干净,将未去干净的硅片挑出单独插片,再在 HF 溶液中清洗 5 min,完全去膜后将这些硅片返回前清洗,重新制绒,然后按照正常流程下流。

(6) 注意事项

① 配液过程中需穿戴防化服,以确保人身安全。

② 处理返工片时,双手里面戴汗布手套,外面戴乳胶手套。

③ 插片过程如发现有丝网印刷返工片,一律退回,不得掺在 PECVD 返工片中清洗。

④ 若需要前清洗返工的硅片比较薄,则按照前清洗工序的返工重量要求判定是否可以重新制绒,若不能重新制绒,则将这些硅片作为假片或新员工培训用硅片处理。

⑤ 返工片开具相应的流程卡,注明"PECVD 返工片",以区别正常片。

5.4.2　PECVD 补镀作业

① 当 PECVD 机台炉管出现工艺中断后,技术员应及时通知工序长及工艺人员和设备

人员，相关人员要到现场进行确认。

②工艺人员应将异常片从炉管内退出至小推车上，送冷却房冷却，以便观察颜色和测量膜厚及折射率。

③工艺人员检查 CCC 电脑上的生产 datalog 信息，根据 CMI 电脑及生产记录表上记录的该石墨舟的编号、批号或 RunNo. 信息进行查找，并做好记录工作。

a. 双击 CCC 电脑桌面上 ProtGraf 软件图标（图 5-27）。

b. 选择 New Query 筛选功能（图 5-28）。

图 5-27　软件图标

图 5-28　筛选功能

c. 选择炉管、Lot（s）ID 或 RunNo.、时间段范围，选好后点击 OK，软件进入 datalog 信息窗口（图 5-29）。

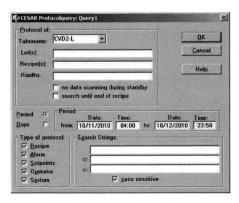

图 5-29　datalog 信息窗口

PECVD场景_工艺运行

d. "HF current High" 报警通常发生在等离子 Plasma 起辉等 3 个步骤：

DD/MM/YY L Memory　Text1　plasma preclean and -check with NH_3

DD/MM/YY L Memory　Text1　first deposition

DD/MM/YY L Memory　Text1　second deposition

e. 报警信息一般如下，显示电流值过高，超出设定的最大值：

DD/MM/YY　O　HF　current 25.15

DD/MM/YY　L　Memory　　Text2　　HF current too high! Restart plasma.

f. 随机抽取 3 片冷却后的异常片，送至椭偏仪进行膜厚和折射率的测量，参考椭偏仪作业指导书。根据测试结果和已经完成的工艺时间，计算出一个合理的补镀时间。

④检查石墨舟内硅片状态，看是否有破片或漏插的，发生电流短路基本上都是相邻两片片子没有插到位，工艺生产时因高温及气流作用搭到一起引起短路，故这些破片、击伤片都需视中断的工艺步骤用正常片或返工片替代。满舟后要检查所有片子是否插到位。

⑤补镀作业　工艺人员根据 ProtGraf 上查询的 datalog 信息，确认工艺终止在哪一步。若是在镀膜过程中断，计算已经完成的工艺时间，然后根据该步镀膜总时间来推算还需完

成的工艺时间。一般来说需要补镀的工艺中断分两种：第一次镀膜过程中断；第二次打 plasma 或镀膜过程中断。

a. 第一次镀膜过程中断　若是第一次镀膜过程中工艺中断，计算出该步还需再补镀的时间后，将该石墨舟重新装到机台上，选择 recipe：DL-1STRE.PRZ，同时输入舟编号、LOT ID，开始工艺前会提示手动输入时间，将之前计算出的需要补镀的工艺时间输入即可。

若工艺中断时还未开始镀膜或镀膜过程只进行了不到 10s，该状况下可直接使用生产 recipe：DL156 进行工艺，无需调整工艺时间。

b. 第二次打 Plasma 或镀膜过程中工艺中断　若是第二次打 Plasma 或镀膜过程中发生工艺中断，同样也需要根据膜厚及已经完成的工艺时间来计算还需要补镀的时间，将该石墨舟重新装到机台上，选择 recipe：DL-2NDRE.PRZ，同时输入舟编号、LOT ID，开始工艺前会提示手动输入时间，将之前计算出的需要补镀的工艺时间输入即可。

⑥ 工艺完成后，对补镀后的片子要进行抽检，包括膜厚、折射率和反射率；同时要观察该舟出现的返工片类型及数量，追踪产品的电性能。

⑦ 注意事项

a. 工艺中断后一定要将石墨舟卸下来观察颜色和测量膜厚，不可直接重新开始工艺生产或者只是查看 datalog 后即进行补镀作业。

b. 技术员不允许私自处理工艺中断的产品，发现问题一定要汇报给工序长和工艺人员。

c. 补镀完成后的片子一定要追踪最后的电性能参数。

d. 补镀完成后，工艺流程卡上要进行备注。

e. 补镀时有缺片或漏插的片子要用返工片补充，注意将返工片未镀膜面进行镀膜。

思考题

1. 简述 PECVD 的原理及作用。
2. 对薄膜沉积方法进行分类。
3. 描述 PECVD 沉积系统，解释设备的功能。
4. 如何完成石英舟插片和卸片？
5. 石墨舟的清洗和预处理的要点是什么？

模块6

丝网印刷电极制备

6.1 电极制备工艺流程

6.1.1 晶体硅太阳电池电极概述

太阳电池在光照条件下会在 p-n 结两侧形成正、负电荷的积累，因此产生了光生电动势。与常规电源类似的是，太阳电池也具备正、负电极，具有收集电子、空穴和输出电流的作用。太阳电池的电极是指与 p-n 结两端形成良好欧姆接触的导电材料，通常把制作在电池迎光面上的电极称为前电极，背光面上的电极称为背电极。

常规晶体硅太阳电池主要利用迎光面来收集有效的光照，多采用金属电极技术（大部分为银电极）。由于大多数金属电极材料为不透明的，所以制备的前电极通常呈梳子形状、丝网状或是树枝状结构，被称为电极栅线。前电极的图案及高度设计需要同时考虑光学与电学因素，以寻求一个最优化方案：一方面要尽量少地遮挡光照，保证高的光透过率；另一方面要保证电极有尽可能小的电阻，以收集光生电流。

目前的主流晶硅太阳电池，其前电极结构中，一般有 4～5 条较粗的主栅电极，方便电池片互连时进行焊接，同时有规则平行排布的细栅电极可以收集光电流并传输给主栅电极，其结构如图 6-1 所示。

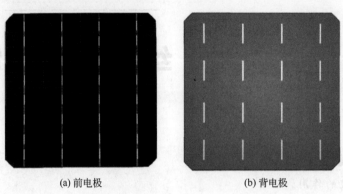

(a) 前电极　　　　　　　　(b) 背电极

图 6-1　常规晶体硅太阳电池电极设计（以单晶硅为例）

而背电极与前电极不同，背电极应尽量布满电池的背面，以减小电池的串联电阻。常规背电极通常以 Ag/Al 浆印刷、烧结而成，Al 为 P 型杂质，烧结后可在背面扩散形成 p^+ 层，从而形成 p^+p 结，阻止电子向背面运动，提高开路电压。背电极也有与前电极位置对应的 4 条或 5 条便于焊接的较粗电极线，制备时形成的铝背场一方面可以减少少数载流子在背表面的复合，提高电池性能，另一方面也可同时作为金属电极，降低电极电阻。

常规晶硅太阳电池前电极和背电极的材料一般应满足以下要求：

① 能与硅形成良好的欧姆接触；

② 有良好的导电性能；

③ 遮挡面积小，一般应小于 8%；

④ 收集载流子的效率高；

⑤ 可焊接性好；

⑥ 成本低、污染小；

⑦ 电阻小；

⑧ 易于加工。

6.1.2　电极制备方法

制备太阳电池电极的方法主要有真空蒸镀、化学镀镍、丝网印刷法等。其中以银浆、铝浆为主要原料的丝网印刷法，是目前晶体硅太阳电池商业量产中最为广泛采用的工艺方法。

（1）真空蒸镀法

真空蒸镀法通常指用带电极图形掩膜的电极模具板覆盖在硅片表面进行真空蒸镀来制作电极。掩膜是由光刻加工或激光加工的不锈钢箔或铍铜箔制成。

（2）化学镀镍法

化学镀镍法应用镍盐溶液，在强还原剂磷酸盐的作用下，依靠镀件表面具有的催化作用，使磷酸盐分解出原子氢，并将镍离子还原成金属镍，同时次磷酸盐分解析出磷，在镀件上获得磷镍合金的沉积镀层。

（3）丝网印刷法

真空镀膜法和化学镀镍法是传统的制作电极的方法，都存在工艺成本高、耗能大、批量小，以及不适宜自动化生产等缺点。为了降低生产成本和提高生产效率，人们将生产厚膜集成电路的丝网漏印工艺，引入制备太阳电池电极的生产中。丝网印刷时，把带有图像或图案的模板附着在丝网上进行印刷。通常丝网由尼龙、聚酯、丝绸或金属网制作而成。当承印物

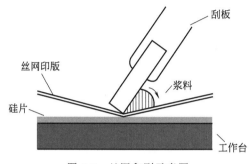

图 6-2　丝网印刷示意图

直接放在带有模板的丝网下面时，丝网印刷油墨或浆料在刮刀的挤压下穿过丝网中间的网孔，印刷到承印物上（刮刀有手动和自动两种）。丝网上的模板把一部分丝网小孔封住，使得浆料不能穿过丝网，而只有图像部分能穿过，因此在承印物上只有图像部位有印迹。换言之，丝网印刷是利用浆料渗透过印版进行印刷的，因此称之为丝网印刷。图 6-2 为丝网印刷示意图。

丝网印刷步骤：加入浆料，刮刀施加压力朝丝网另一端移动，丝网与承印物之间保持一定的间隙，浆料从网孔中挤压到基片上，丝网张力而产生反作用力——回弹力，丝网与基片只呈移动式线接触。刮板抬起，丝网脱离基片，工作台返回到上料位置，完成一个印刷行程。参阅图 6-3。

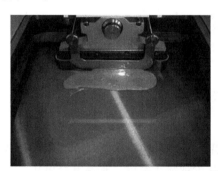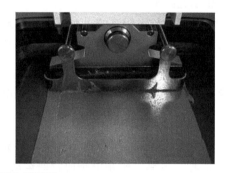

图 6-3　丝网印刷图示

6.2　丝网印刷工艺流程

6.2.1　丝网印刷工艺流程（图 6-4）

（1）背面电极印刷（正极）

本步骤是为晶硅太阳电池片制备物理上的正电极，即在电池片的正极面（p 区）用银浆料印刷两条电极导线（宽约 3～4mm）作为电池片的电极。在印刷电极时需满足以下要求：

① 与硅片表面和背场铝形成良好的欧姆接触，形成较低的接触电阻；
② 良好的可焊性，与镀锡带形成良好的接触，对外输出电流。

印刷背面电极有多种方案，以下为几种常见电极形状及其优缺点。

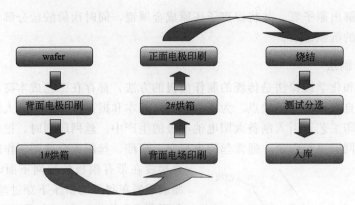

图 6-4　丝网印刷电极制备工艺流程

方案 1：

缺点：焊条为长条状，浪费了 Ag/Al 浆。

优点：一旦出现碎片，可以顺利地划成碎片。

方案 2：

优点：可以大大节省 Ag/Al 浆，降低成本。

缺点：一旦出现碎片，断成小片，利用率大大降低。

方案 3：

优点：与铝背场形成良好的欧姆接触，铝浆料和银浆料有细栅线的重叠部分，这样可以提高效率和填充因子。

尽量减少铝浆与银铝浆的重叠部分，在显微镜下观察两者重叠部分严重发黑，即大量的有机溶剂没有充分挥发，这样会严重影响电池效率和填充因子。

（2）烘干

干燥硅片，保障下步印刷时已印刷的背电极免遭破坏。

（3）背电场印刷

此步骤是通过使用铝浆在电池片背面形成铝背场，即重新掺杂，可在背面扩散形成 p^+ 层，从而形成 p^+p 结，阻止电子向背面运动，减少载流子复合，提高开路电压。

铝背场的形成具备以下几个作用：

① 收集背部载流子，传送到背电极；

② 形成 BSF，在硅片背面形成 p^+ 层，可以减少金属与硅交界处的少子复合，从而提高开路电压和增加短路电流。

对于铝背场印刷工艺，需要降低背面载流子复合，控制电池烧结后弯曲度。同时铝背场的厚度对电池片也有较大的影响，若太薄，则与硅形成熔融区域而被消耗，产生较低的横向电导率；若太厚，烧结时不能完全去除有机物，进而浪费浆料或引起弓片。

（4）烘干

干燥硅片铝背场，保障正电极印刷时背电场免遭破坏。

（5）正面电极印刷（负极）

正面电极一方面需要搜集光生电流，提供电池片物理上的负电极；另一方面要尽可能少

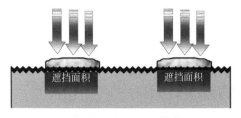

图 6-5 电极阻挡光线，使其无法
到达电池有效区域

地遮挡阳光，即正面电极有一个负面效应——电极阻挡了少量阳光，使其无法进入电池的有效区域，从而降低了转化效率，如图 6-5 所示。所以制备正面电极是在电池片的正面（喷涂减反射膜的面），同时用银浆料印刷一排间隔均匀的栅线和 2 条或 3 条电极，在工艺上要求栅线间距约 1.5mm、宽度约 50μm。

正面电极的作用如下：

① 收集载流子，对外输出光生电流；

② 减少遮光面积，最大面积地实现光电转换。

在制备正面电极时需尽可能做到以下几点：提高电流的收集效率、低金属栅线电阻、低接触电阻、低遮光面积；栅线的高宽比也要尽可能大，因为较小的宽度可以减小遮光面积，进而减少栅线遮光造成的电池功率损失；而较大的高度，又增大栅线横截面，可以降低栅线的体电阻，从而降低栅线电阻引起的功率损失。

6.2.2 典型丝网印刷设备

本任务主要介绍 Micro-tec 丝网印刷设备的基本结构和软件操作。通过本任务的学习，学生能够增加对设备的基本了解，提高操作技能。同时，本任务还讲解了印刷车间丝网印刷设备维修、维护的具体方法与要求，对学生了解如何规范印刷车间设备维护维修工作，提高设备运转效率有着极大的帮助。

(1) 设备的基本结构介绍

Micro-tec 丝网印刷设备结构如图 6-6 所示。

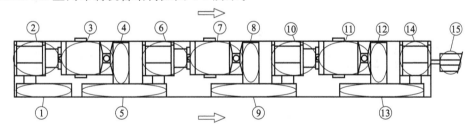

序号	名称	序号	名称
1	1号供料器	9	2号缓冲区
2	1号印刷机	10	3号印刷机
3	1号干燥炉	11	3号干燥炉
4	1号干燥器连用装置	12	3号干燥器连用装置
5	1号缓冲区	13	3号缓冲区
6	2号印刷机	14	4号印刷机
7	2号干燥炉	15	焙烧炉
8	2号干燥器连用装置		

图 6-6 Micro-tec 丝网印刷设备结构图

（2）开机操作

① 打开压缩空气手动阀，检查压力范围在 0.5～0.7MPa 之间（图 6-7）。

② 打开真空手动阀，检查真空度在 -0.06～-0.08MPa 之间（图 6-7）。

③ 关闭所有的门，使门锁到位，确认红色急停按钮（图 6-8）拉出。

④ 按下设备电源开关 POWER ON（图 6-8），等待设备启动运行。

图 6-7　压缩空气手动阀和真空手动阀　　　　图 6-8　电源开关

⑤ 程序运行后会自动到设备型号和语言栏过程画面（图 6-9），设备自动选择英语运行。

⑥ 自动运行到设备复位画面 ALL Searches（图 6-10）。机器为触摸设计，操作时点击屏幕。

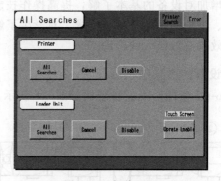

图 6-9　设备型号和语言栏　　　　　　　　图 6-10　复位画面

　⑦ Printer 栏下的 All Searches 为印刷机各电机原点复位。按下 Printer 栏的 All Searches 使机器复位（按钮闪烁，直到复位结束变成粉红色）。

　⑧ Loader Unit 栏的 All Searches 为上料部各电机原点复位。按下 Loader Unit 栏的 All Searches 复位（按钮闪烁，直到复位结束变成粉红色）。

　⑨ 复位好后，按图中任意一个 Cancel 按钮进入 Main 主画面（图 6-11）。

　⑩ 主菜单分为 Manual：手动操作；Recipe：参数调整栏；File：文件栏；Monitor：信息栏；Auto：自动运行栏；System：系统设置。

（3）Manual 手动操作菜单介绍

① 上料 Load 单部控制（图 6-12）

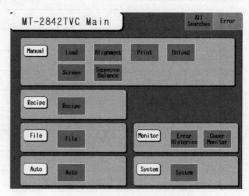

图 6-11　进入 Main 主画面

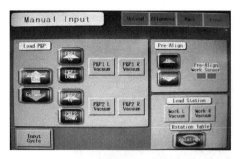

图 6-12 上料 Load 单部控制图

图 6-13 Load p&p 上料抓手栏

a. Load p&p 上料抓手栏（图 6-13）

　上料行走臂前后电机前后动作。

　上料一号抓手汽缸上下。

　上料二号抓手汽缸上下。

　上料 1 号抓手左右真空。

　上料 2 号抓手左右真空。

　上料一个单步循环动作。

b. Pre-Align 图像校正（图 6-14）

c. Load Station 上料台面（图 6-15）

需要取该位置片子时，可以释放真空。

d. Rotation Table 旋转台面（图 6-16）

图 6-14 影像校正部
顶针上下

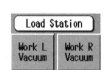

图 6-15 上料左右台面
真空开关按钮

图 6-16 台面旋转电机
单步旋转按钮

② Alignment 影像修正（图 6-17）

　影像修正左台面顶针 $XY\theta$ 原点复位。

　影像修正右台面顶针 $XY\theta$ 原点复位。

　点击此按钮，影像自动修正一次。

　影像修正台面左右台面真空释放和吸合。需要取该位置片子时可以释放真空。

　影像修正顶针 UP 上，DOWN 下。

图 6-17　Alignment 影像修正

点击 [Stage Control] 进入印刷偏移参数修正栏（图 6-18）。

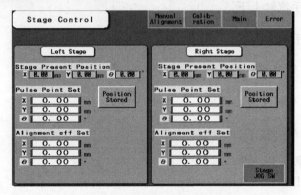

图 6-18　印刷偏移参数修正栏

图 6-19 左右画面分别对应印刷网板下左右台面印刷的制品，根据 X、Y、θ 偏移量进行调整。

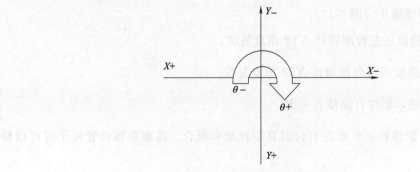

图 6-19　偏移量调整

图 6-20 为调整方向正负示意。

图 6-20　偏移量调整方向示意图

③ 印刷（Print）手动操作菜单（图 6-21）

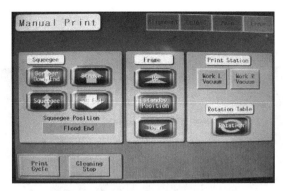

图 6-21　印刷 Print 手动操作菜单

a. Squeegee 刮刀

回墨刀上下。

刮刀上下。

刮刀回墨刀电机前后。

b. Frame 印刷头上下

印刷部网板上升到最高位。

网板到印刷位置。

网板下降到最底位。

c. Print Station

印刷台面左右真空点击释放吸合。需要取该位置片子时，可以释放真空。

d. Rotation Table

点击一次台面旋转 90°。

④ Unload 下料手动操作菜单（图 6-22）

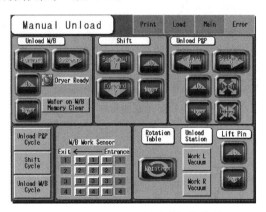

图 6-22　Unload 下料手动操作菜单

下料抓手一个动作循环。

搬送部一个动作循环。

下料插入烘箱一个动作循环。

Wafer on W/B Memory Clear　下料行走臂制品清零。

Work L Vacuum **Work R Vacuum**　下料台面左右真空点击吸合释放。

〔 Unload W/B 〕（图 6-23）

图 6-23　手动下料

Forward **Backward**　下料进烘箱行走臂插入返回。

Up **Down**　下料进烘箱行走臂气缸上下动作。

〔 Shift 〕　（图 6-23）

Backward Y **Forward**　搬送部前后电机。

Up **Down**　搬送部上下电机。

〔 Unload P&P 〕（图 6-23）

Forward **Backward**　上料抓手行走臂电机左右。

Up **Down**　抓手气缸上下。**⧓ ⧓**抓手抓紧和释放。

⑤ Screen 网板锁定和解锁（图 6-24）定位、锁定网板以及网板照点。

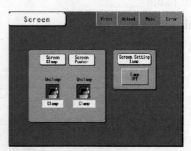

图 6-24　Screen 网板锁定和解锁

Screen Pusher　定位汽缸。

Clamp　点击开关定位。

Screen Clamp　锁定汽缸。

Unclamp / Clamp　点击固定网板。

Screen Setting Lump　网板照点光源。

Lump OFF　点击红外照点灯的开关，对应网板上的点进行手动校正。

⑥ 装取网板　将网板插入设备网框内，放下两侧调节手柄（图6-25）然后点击定位汽缸定位网板，再点击锁定汽缸固定好网板。取网板时，先释放定位汽缸，再解锁锁定汽缸。网板照点时需要调整时候，也应先释放定位，再释放锁定。调节好后，再吸合定位，后锁定网板。遵循先定位后锁定的原则。

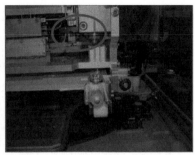

图 6-25　装取网板

⑦ 印刷偏移量调整　这个环节是在更换网板照点后进行印刷偏移量的调整。OFFSET是对于本环节粗调后的修正调整，所以在更换网板照点后印刷偏移量的粗调就在这里。首先需要按照步骤解除定位和锁定汽缸，根据实际印刷情况粗调，如果向前后偏，调整 X 轴旋钮（图6-26），若左右偏，调整 Y 轴旋钮（图6-26），θ 轴偏时根据偏移方向，调整任何一方的 X 轴旋钮就可以了。在调节 X 轴时，由于旋钮有固定螺钉，首先旋松后才可调节，调节好后再旋紧（图6-25）标注部分。

图 6-26　印刷偏移量调整

⑧ Squeegee Balance 刮条自动平衡调节　首先手动将印刷头抬起，解锁汽缸后取下网板，再将印刷头放下（图6-27）。[Auto Adjustment]自动校正刮条平衡。

图 6-27　刮条自动平衡调节

Start OK 在指示灯亮后点击 Adjustment Start ，设备将自动校正刮条平衡，校正后将进行测平衡，设备将刮条自动放置于测量器上，进行测量，如图 6-27 面板数值。一根刮条有两个测量器测量，之间的偏差值小于 0.05 就完成校正测量。完成后自动弹出确认画面，点击 Check 完成校正（图 6-28）。如不合格，调整后再点 Adjustment Start ，进行一次新的测量，如图 6-25 所示。

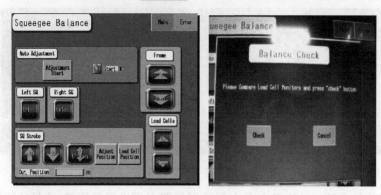

图 6-28　校正

（4）[Recipe]印刷参数设定

点击 Recipe 后出现如图 6-29 所示输入密码画面，点击有数值 0 的白色窗口后按下面的数值键输入 5120，再点击 ENT 键，最后按 Collation 进入。

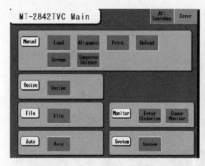

图 6-29　密码输入

① 参数设定画面（Condition）　参阅图 6-30。

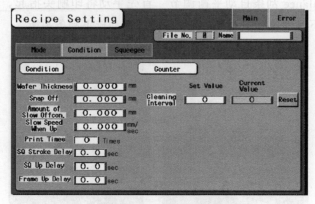

图 6-30　参数设定画面

Wafer Thickness 0.000 mm　制品厚度的尺寸设定。

Snap Off `0.000` mm 网板间距的设定。

② 参数设定 Squeegee（图 6-31）

Print Speed 印刷速度的设定。

Flood Speed 回墨刀速度的设定。

Squeegee End 刮刀的最末端位置设定。

Squeegee Start 刮刀开始位置。

Flood Start 回墨刀开始动作位置设定。

Flood End 回墨刀末端位置设定。

Squeegee Down 刮刀压力参数调整（建议设定 0.20～0.35 范围内）。

Print Air Pressure（MPa）

③ 参数修改后保存 印刷参数修改后退到主菜单时会出现图 6-32 画面，点 Yes 保存。

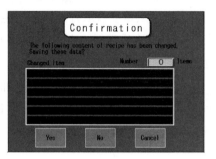

图 6-31 参数设定　　　　　　图 6-32 参数修改后保存

（5）Auto 自动运行画面

该画面为生产时运行画面（图 6-33）。

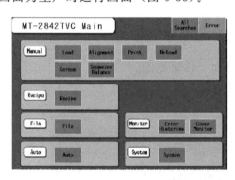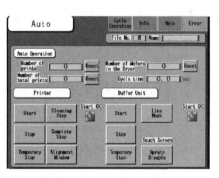

图 6-33 Auto 自动运行

① （Auto Operation）自动记数

`Number of prints [ 0 ]` 已印刷制品数。

`Number of total prints [ 0 ] Reset` 累计生产制品数。

`Number of Wafers in the Dryer [ 0 ]` 烘箱中制品数。

`Cycle time [ 0.0 ] sec` 设备印刷一个循环时间。

`Reset` 按键 3s 计数清零。

② 印刷和上料部（图 6-34） 首先按下 `Operate Disable`，操作许可键变成粉色后，使整个画面功能

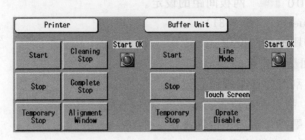

图 6-34　印刷和上料部参数

键能够操作 [Buffer Unit] 上料承载盒栏。

按键 [Start] 运行右面模式，该模式可以选择 Line Mode 流水线模式，烘箱出来的片子直接进下道生产。Take in Mode 烘箱出来的制品直接进入缓冲承载盒里，不进入下道生产。Take out Mode 设备从承载盒取片进入下道生产模式，烘箱有片会进行等待。在切换取片模式时需要先按 [Stop] 停止后进行。点击 [Line Mode] 更换模式，更换好后再按 [Start] 开始上料。上料需要停止时也是按 [Stop] 进行停止。

③ [Printer] 印刷机　在各项工作准备好时直接按 [Start] 开始生产，按 [Stop] 停止生产。在生产中需要清理擦拭网板时按 [Cleaning Stop]，设备将自动停止到清扫位置，清扫完成后，将粉色的 [Cleaning Stop] 按键按下点成绿色，取消清扫后，再次按下 [Start] 就可以进行生产。

6.2.3　丝网印刷设备维护

(1) 维护前所要准备的工具

所需准备的工具和材料，包括公制内六角扳手一套、吸尘器、无水酒精、抹布、毛刷、活络扳手、导轨润滑油、高温润滑油、防护眼罩等。

(2) 周维护主要内容

① 清洁各机器内外部碎片和粉尘、印刷台面、传感器等。

② 清洁传送臂和烘箱传送带上的碎片（图 6-35）。

检查传送臂和烘箱是否有碎片

图 6-35　清洁传送臂和烘箱

③ 检查各台面和刮条是否有松动或磨损。

④ 检查各电机传动带是否松动或磨损。

⑤ 清洁各电机的润滑油，如导轨、丝杆、传动轴、烘干炉链条等，并重新上新润滑油进行润滑。如图 6-36 所示。

⑥ 检查各气管和气动元件是否漏气，检查吸嘴是否损坏，如图 6-37 所示。

润滑电机，检查电机是否工作正常

图 6-36　检查、润滑电机

检查吸盘是否损坏

图 6-37　检查吸盘

⑦ 检查各按钮、指示灯、蜂鸣器和触摸屏是否工作正常，如图 6-38 所示。

⑧ 做好现场 5S 工作。

(3) 月度维护主要内容

① 检查刮条与印刷台面之间的平行度。

② 检查印刷台面重复运动的情况下，在停止位置的精度。

③ 检查网版表面和印台表面接触的平行精度。

④ 检查烘箱传送是否正常。

⑤ 检查气管是否平整，有无漏气或磨损。

⑥ 检查拖链内的电线是否磨损，严重时进行更换。

⑦ 检查过滤减压阀等气动元件是否正常。

⑧ 检查机器内部各电路、机械、气路元件是否正常。

检查急停开关和触摸屏是否能正常操作

图 6-38　检查各按钮和触摸屏

⑨ 做好现场 5S 工作。

(4) 年度维护主要内容

① 检查各螺钉是否松动或损坏。

② 检查各部件是否有过热和烧坏的现象。

③ 检查冷却风扇是否有明显震荡、异响或链接松动。

④ 检查各驱动系统是否有松动、异响或焦味。

⑤ 检查各仪表工作指示是否正常。

⑥ 做好现场 5S 工作。

6.2.4　网版及刮刀

(1) 网版（图 6-39）

网版是由不锈钢织成的不同网目大小的网纱及涂在网纱上的乳胶装在网框架组成。网版图样设计开孔处则将乳胶去除，刮刀刷过网纱时，可将施放在网版上的浆料透过图样开孔处印在基材上，主要决定印刷厚度的为乳胶厚度。丝网印刷时，根据不同的网版张力、乳胶厚度、刮刀下压力量、刮刀速度、刮刀下刀及离刀迟滞时间等参数，可得到不同的印刷厚度。

图 6-39 网版结构

(2) 刮刀（图 6-40）

刮刀的作用是以一定的速度和角度将浆料压入丝网的漏孔中，刮刀在印刷时对丝网保持一定的压力，刃口压强在 10~15N/cm 之间。刮板压力过大，容易使丝网发生变形，印刷后的图形与丝网的图形不一致，也加剧刮刀和丝网的磨损；刮板压力过小，会在印刷后的丝网上存在残留浆料。

刮刀由四部分组成，分别为刮刀、回墨刀和螺钉，如图 6-41 所示。刮刀螺钉向外（面向自己），将刮刀的孔对准刮刀轴，平行方向推入。装螺钉时，注意垫片方向。

刮刀组装应注意以下几点：

① 将刮刀固定螺钉锁上；

② 将回墨刀固定螺钉先锁至一半；

③ 将回墨刀开口朝右方向装上；

④ 将螺钉向右锁上。

图 6-40 刮刀

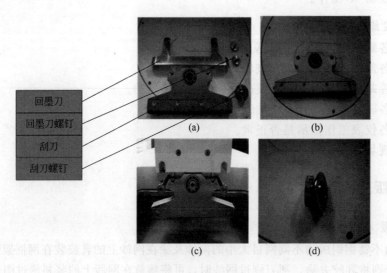

| 回墨刀 |
| 回墨刀螺钉 |
| 刮刀 |
| 刮刀螺钉 |

(a) (b) (c) (d)

图 6-41 刮刀的组成

图 6-42 为刮刀的组装。

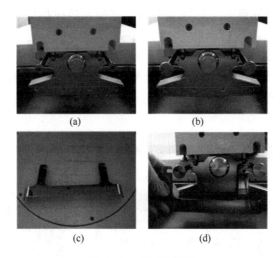

图 6-42 刮刀的组装

6.3 企业丝网印刷生产作业与监控

6.3.1 丝网印刷生产作业

本任务主要介绍丝网印刷和烧结生产作业的过程及注意事项。通过任务的学习，学生不仅应掌握基本的生产准备和操作，还要对生产过程中的问题进行正确地分析和处理。

（1）生产前准备

① 物料准备

a.生产前将口罩、擦拭纸、PVC 及棉布手套等生产辅助用品准备齐全，正确穿戴好工作服，佩戴好手套（内层棉布手套，外层 PVC 手套，见图 6-43）、口罩（遮盖住口、鼻）。

b.从 PECVD 领取镀膜后的硅片，片子整齐摆放于结存区，流程单放于周转盒内。

c.来料检验区放置白色垫子，用于检查硅片时起缓冲和洁净度的作用（图 6-44）。

图 6-43 手套的正确戴法　　　　图 6-44 来料检查区垫子

② 浆料准备及使用规范

a.从库房领取浆料　根据本班使用量进行适量领取，注意保证浆料的搅拌时间。

b.浆料搅拌　正银、背银使用滚筒式搅拌机搅拌（图 6-45）。搅拌前在浆料桶标签内标注搅拌开始日期、时间，达到搅拌时间方可使用，优先使用搅拌时间较长的浆料。

c.浆料最低搅拌时间　背电极浆料 12h，正电极浆料 24h。

d. 浆料搅拌过程中要杜绝交叉污染　背银、正银浆料搅拌区域要分开，保持浆料搅拌区干净、整洁。

e. 生产线员工领取已搅拌均匀的浆料后，在添加前需手动搅拌 3～5min，以防止浆料底部搅拌不均匀。搅拌时朝向同一个方向，搅拌幅度不宜过大，防止浆料溢出。铝浆添加前直接手动搅拌 3～5min 即可（图 6-46）。

瓶盖指定方向

标注开始搅拌时间

图 6-45　浆料搅拌方式

图 6-46　手动搅拌

f. 铝浆一次性最多领取两桶，放置半小时后再次添加时需要重新搅拌。正银浆料每次添加完毕后，需要重新放回滚筒式搅拌机搅拌。

g. 正银浆料各线分开使用，不得交叉使用。交接班时优先使用上班结存浆料。每桶浆料正常使用情况下，完全使用后才能更换新的一桶浆料。浆料异常报废需经工艺人员确认，贴上标签注明报废原因、日期、班次及相关人员。

③ 网版准备

a. 网版的领取　生产领料员工从库房领取当天备用网版，放置于生产车间丝印网版柜中，各道网版分开存放，标签朝外以便检查。搬运及放置过程中轻拿轻放，严禁直接把网版面直接放置于地面或与其他不平整物体接触，造成网版损伤（图 6-47）。

b. 使用前检查　扯去网版保护膜后，对光检查网版有无堵网、孔洞等网版质量问题，不能判定时由工艺确认（图 6-48）。

c. 使用前擦拭　用无尘布蘸无水乙醇擦拭网版底部及印刷面，防止灰尘等颗粒造成堵网（图 6-49）。

图 6-47　网版放置

图 6-48　网版检查

图 6-49　网版擦拭

(2) 回墨刀的安装及调节

① 回墨刀的安装　回墨刀安装前，务必用酒精擦拭干净，然后安装至相应位置，锁紧

固定螺钉（图 6-50）。

② 回墨刀的水平调节　回墨刀安装完毕后，将印刷头关闭并使回墨刀处于下降端（图 6-51），取截取的 A4 纸条置于回墨刀两端，通过调节回墨刀高度（图 6-52 左），使回墨刀垂直下降，直到一侧紧贴置于其下的纸张。此时通过两侧纸张手动感知两侧回墨刀是否水平。若不水平，则调节回墨刀水平调节按钮（图 6-53 右），直到水平调节完毕。

图 6-50　安装回墨刀

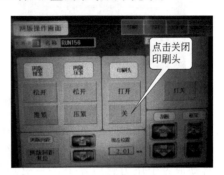

图 6-51　关闭印刷头

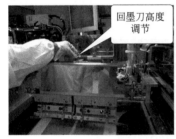

图 6-52　回墨刀水平调节

图 6-53　回墨刀高度调节

注意：在调节完回墨刀水平后，一定要通过回墨刀高度调节旋钮，将回墨刀调节至较高位置，这样可以保证当安装完网版后，下落回墨刀不致损毁网版。

回墨刀的高度首先对于回墨量起到直接影响，进而会影响到印刷品质，所以调节回墨刀高度至关重要。此步骤是在安装、定位完网版以后进行的，此时仍然使用之前所截取的 A4 纸条。在回墨刀处于下降端时，逐步降低回墨刀高度，使处于其下的两端 A4 纸条可以较为平缓地抽出（略高网版约一张纸的高度，如图 6-53 所示）。

（3）刮条安装、自动平衡调节

① 刮条安装　刮条安装前，检查刮条是否对应机台的刮条，以及是否有缺口、平整等质量问题，确保无问题后，酒精擦拭干净后方可进行安装。刮条两面要充分利用，当刮条一侧磨损后，标记"正电极已损"字样，则下次使用另一侧（图 6-54）。如果正电极刮条寿命使用到期，但未出现缺口等质量问题，可用于背电极或背电场印刷。

图 6-54　新、旧刮条标识

② 刮条自动平衡调节 首先手动将印刷头打开，安装并紧固刮条，再将印刷头放下（图 6-55 左）。

图 6-55 刮条固定及放下

点击主界面上"手动"主菜单下"刮板平行调整"菜单，"自动平行调整"自动校正刮条平衡，"启动"可在指示灯亮后，点击"平行调整开始"后设备将自动校正刮条平衡，设备将刮条自动放置于压力感应器上，一根刮条有两个压力感应器检测，之间的偏差值小于0.05，两条刮条之间的最大偏差应在 0.1 之内，可认为刮条水平校准完成。

完成后自动弹出确认画面（图 6-56 右），点击"确认"完成校正。如不合格，调整后再点"平行调整开始"，进行一次新的测量。

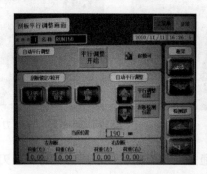

图 6-56 刮条平衡校准

（4）网版安装

抬升定位销，将网版推入设备网框内。放下定位销，把网版完全推到位置，然后放下两侧调节手柄，如图 6-57 所示，点击"网版推紧"栏下的"推紧"，定位网版。然后点击"网版安装灯"栏下"灯开"，根据网版照点光源，通过纵向（y 轴）、横向（x 轴）控制螺旋（图 6-58），将网版合适定位（光源点最大限度地吻合定位孔），点击"网版压紧"栏下的"压紧"，锁定网版。安装过程中务必遵循先定位后锁定的原则。

图 6-57 网版安装

如果安装背电极网版，则可取其他线背电极印刷正常的片子 2 片，用分步循环进行上料、校准，运行至印刷位置停止。点击"手动"栏下"网版"，在"网版操作画面"内按住"网版间距"栏下"下降"，使网版降低至约 $0.5\mu m$ 时停止，观察网版与片子的吻合情况。调节 X、Y 旋钮，使网版电极与片子电极大致重合。完成后点击"网版间距复位"，网版间距恢复工艺参数设定位置（图 6-57）。

背电场、正电极调整方法与之相同，可取本线上道流下片子进行调节。

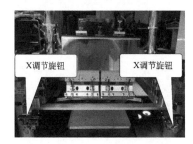

图 6-58　X、Y 调节旋钮

（5）浆料添加

将浆料均匀添加到网版内部，完全覆盖图形位置，并涂抹稍许浆料于刮条及回墨刀印刷位，以便首次印刷不损伤网版，印刷流畅。浆料添加采取少加、多次加的原则，以减少浆料的干结造成印刷不良，减少浪费。背银、正银每次添加 $1\sim2$ 铲刀，铝浆每次添加不超过 $1/3$ 桶（图 6-59）。

图 6-59　正银浆料添加及每次添加量

（6）印刷偏移量调整

在主界面点击"自动"操作，进入自动运行界面。点击"分步循环"，进入循环运行画面，在手动操作下完成"印刷循环"（图 6-60）。

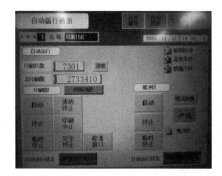

图 6-60　自动循环画面

印刷完成后，检查印刷图形是否完成，用游标卡尺检查偏移量（图 6-61），背电场及正电极可目测进行偏移量调整，取出片子时注意对应台面的位置。如果偏移较大，调节 X、Y 旋钮进行调节网版，每转动旋钮一周为 1mm。如果偏移较小，进入"校准"画面，进行参数校准补偿（X、Y、θ 补偿值不超过 ± 0.3，图 6-62）。

图 6-61　偏移量测量

图 6-62　X、Y、θ 补偿设定

偏移量调整原则为：X 左加右减，Y 外加内减，θ 顺时针加，逆时针减（图 6-63）。

偏移调整量为：X—平行主电极两侧中心距离之差的 1/2，即 $|e-f|/2$；Y—垂直主电极两侧中心距离之差的 1/2，即 $|d-c|/2$；θ—垂直主电极单侧两边距离之差的 1/2，即 $|a-b|/2$（图 6-64）。

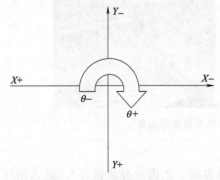

图 6-63　偏移量调整方向

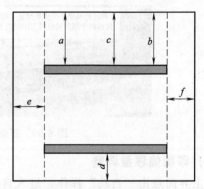

图 6-64　偏移量调整量

(7) 自动运行

① 印刷部自动运行　在各项工作准备好后，在主界面点击"自动"操作，进入自动运行界面（图 6-65）。直接按"启动"开始生产，按"停止"停止生产。在生产中需要清理擦拭网版时，点击"清洁停止"，设备将自动停止到清洁位置；清洁完成后，将粉色的"清洁停止"按键按下点成绿色，取消清洁后，再次按下"启动"，就可以进行生产。

图 6-65　自动运行画面

② 缓冲区自动运行　在缓冲区对应的"模式转换"中，有 3 个选项，依次为产线模式、出缓冲以及进缓冲（图 6-65）。当需要更换模式转换时，需要先停止缓冲区（按下

"停止按钮,直至变成粉红色"),然后切换模式,后可以启动缓冲区。

(8) 生产操作

① 上料 检查镀膜后的片子是否有崩边、缺角、隐裂、烧伤、色差等来料问题,如有问题及时反馈至 PECVD 工序。然后把片子整理整齐,两手拇指卡住片子背部,其他手指托住边缘,使片子缓慢平整地放入上料盒中,不产生崩边、碎片等现象(图6-66)。

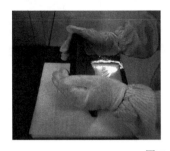
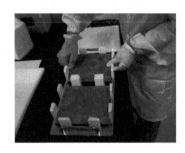

图 6-66 上料

② 背电极印刷 印刷完毕,检查背电极印刷是否完整、有无漏浆以及图形的对称情况。印刷完背电极在片子背面轻敲,检查隐裂,检查频率为每 200 片一次,每次连续 8 片。如果下料发现碎片或隐裂,应立即用擦拭纸或无尘布擦拭相应台面及网版,防止出现连续性碎片(图6-67)。

③ 背电场印刷 背电场印刷完毕,检查铝浆覆盖是否完全、平整,与背电极重合处是否无空隙,印刷是否偏移,并称量湿重,待印刷质量及湿重满足要求后方可继续印刷。如果下料发现碎片或隐裂,应立即用擦拭纸或无尘布擦拭相应台面及网版,防止出现连续性碎片。及时清洁由于浆料造成的台面、传送带等沾污,防止污染后续片子及造成印刷偏移。在正常情况下印刷质量检查频率为每 100 片一次,每次连续 8 片。如出现背场偏移等印刷异常情况,进行全检(图6-68)。

图 6-67 隐裂片检查 图 6-68 背电场印刷质量检查

④ 正电极印刷 正面电极印刷完毕,检验印刷质量,如有漏浆、断栅、结点、印刷不全、图形印刷偏移等现象及时处理,待印刷质量及湿重满足要求后方可继续印刷。对正电极印刷质量进行全检,印刷不良超出 A 级品标准应立即停止印刷,处理后再进行生产。

⑤ 下料 经过背电极、背电场、正面电极印刷后的硅片,经机械手自动流入烧结炉。

6.3.2 丝网印刷生产监控

(1) 丝网印刷生产监控

① 湿重监控

a.测量仪器 精度规格为 0.001g 的电子天平。

b.湿重的监控方法　用电子天平测量硅片印刷前后的质量，印刷后硅片的质量减去印刷前硅片的质量，即得出硅片的湿重。

c.湿重标准　对于多晶 156×156 的硅片，湿重监控标准为背面电极湿重：五主栅 0.05～0.07g，四主栅 0.03～0.05g；背面电场湿重 1.30～1.50g；一次印刷正面电极湿重 0.18～0.24g；二次印刷 3 道正面电极湿重 0.08～0.11g；二次印刷 4 道正面电极湿重 0.10～0.14g。

d.监控频率　在工艺稳定的条件下，各道湿重每 6h 抽检 2 片。当监控的湿重超出所规定的标准时，需立即通知当班工艺进行调节。另外，在更改参数、更换网版或刮刀后，需立即称量湿重。

② 栅线高宽监控

a.测量仪器　金相显微镜。

b.栅线高宽的监控方法　用显微镜检测栅线对应 5 点，即左上、右上、中点、左下、右下的栅线高度、宽度。

c.栅线高宽标准　一次印刷正面电极栅线宽度：2 点以内监测点线宽＜50μm；二次印刷正面电极栅线宽度：各个检测点线宽＜50μm。当测试超出上述宽度标准时，即通知工艺人员做相关处理。

d.监控频率　一次印刷：每班检测 2 次（在工艺分配时间点及时监测）；二次印刷：每 2h 检测 1 次。

③ 生产辅料监控

a.网版使用寿命依次为：背电极网版 12 万次，背电场网版 6 万次，正电极网版 3 万次。网版在使用过程中出现破网、漏浆等情况时，必须及时更换。

b.刮条使用寿命为：背电极 40 万次，背电场 20 万次，正电极 10 万次。在正常使用过程中，由于刮条不平整造成印刷不良，应立即更换。

c.浆料单次添加量　背电极 0.2kg（10 次/桶），背电场 0.3kg（3 次/桶），正电极 0.2kg（10 次/桶）。

④ 印刷质量的监控　印刷段本岗位员工，须对本岗位印刷质量进行实时监控，下道岗位对上道岗位印刷情况进行检查监控。若发现印刷质量问题，则须立即停机处理，处理后印刷的电池片仍有印刷质量问题，则须立即通知工艺人员。特别是在更换网版、刮刀、调整参数及添加浆料后，须重点关注印刷质量。

各道印刷质量要求如下。

背电极：无缺损、无漏浆、无印刷偏移。

背电场：无缺损、无厚薄不均、无漏浆、无印刷偏移。

正电极：无缺损、无断栅、无结点、无虚印、无漏浆、无印刷偏移。

如果印刷质量满足《电池片外观检验作业指导书》A 级品中的正面印刷、背面印刷要求，可直接下传；超过 A 级品标准降为 B 级品时，应立即处理改善，背电场印刷后 B 级品予以放行；背电极印刷不良 B 级品及各道印刷不良 C 级品，需要截留，进行返工处理。

(2) 烧结生产监控

① 外观　烧结后经机械手流入至测试分选工序，从行走臂取下电池片。检查电池片正面膜的颜色是否均匀，正面电极印刷是否有偏移、断栅、结点、漏浆、虚印等印刷问题；然后把电池片翻过来，看背面是否有铝包、铝珠，颜色是否一致，厚度是否一致，背电场和背

电极是否偏移；最后再检查电池片边缘是否有漏浆。如果出现连续性印刷质量问题，应立即通知印刷工序员工，停机检查处理。如不能及时解决，通知工艺人员处理。出现烧结问题，应通知丝印工序停止投片，并通知工艺人员处理。

② 弯曲度　烧结后经机械手流入至测试分选工序，从行走臂取下电池片。把电池片置于平整的台面上，用塞尺测量弯曲度。如出现连续性弯曲度超标，应及时通知工艺人员处理。

③ 栅线高宽　烧结后经机械手流入至测试分选工序，从行走臂取下电池片，每小时抽检2片。用显微镜测量细栅线的宽度（每片测量5点），并做好记录。如果线宽超过网版设计线宽的30%时，通知工艺人员，工艺人员可根据实际情况要求更换网版。

④ 履带清洁　生产人员使用钢丝刷子对烧结履带进行清洁，要求足够的清洁时间，确保整条履带完全被清洁。清洁频次为一个班2次，即交接班后（中午和深夜）。清洁频次应按生产实际需要增加，由工艺人员做调整，生产人员执行。清洁时要注意安全，避免衣物被履带夹住。

⑤ 异常处理

a.设备出现故障信号（红灯显示），丝网印刷工序应立即停止印刷，工序长立即通知生产主管和设备人员。

b.工艺出现异常，如连续出现印刷/烧结等外观质量问题，丝网印刷工序应立即停止印刷，进行检查处理。不能及时解决时，工序长应通知生产主管和工艺人员解决。

【相关知识】

(1) 丝网印刷生产常见问题

① 漏浆（图6-69）

常见原因：网版有破洞。

② 虚印（图6-70）

现象：浆料周边毛毛糙糙，不平直。常见原因：一般为印刷参数不好或者印刷刮条不平。有时也可能是网版使用的时间太长而造成虚印，台面不平。

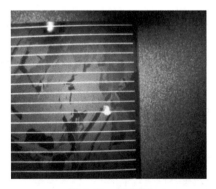
图6-69　漏浆图

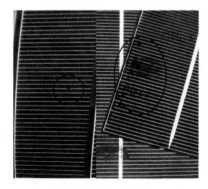
图6-70　虚印

③ 堵网（图6-71）

常见原因：有干的浆料或碎片将本该漏印浆料的地方堵起来了。

④ 铝苞、铝珠、铝刺（图6-72）

现象：铝背场不平整，有小疙瘩状、刺状的突起。常见原因：铝浆问题；绒面问题；烧结问题。

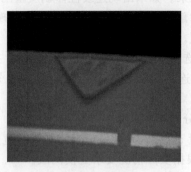

图 6-71　堵网

图 6-72　铝苞

⑤ 弯曲（图 6-73）

常见原因：硅片本身太薄；硅片的背电场铝浆印不均匀或太厚。

⑥ 断线（图 6-74）

常见原因：有东西粘在网版上造成堵网。

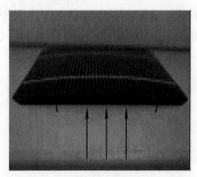

图 6-73　弯曲

图 6-74　断线

⑦ 结点（图 6-75）

现象：网版细栅线上的粗点。常见原因：细栅线上有一个小洞在漏浆；刮条不平整。

⑧ 印刷图形偏移（图 6-76）

常见原因：印刷参数不正确，印刷台面太脏，造成摄像头进行待印刷硅片位置校正时产生错误。

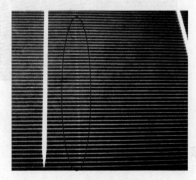

图 6-75　结点

图 6-76　图形偏移

⑨ 粘版

现象：硅片印完后被粘到网版上，而不是停在印刷台面上。常见原因：丝网间距太小，印刷刮条不平，丝网漏过的浆料过多（也可能停留时间太长），网版张力下降，台面吸力不够。

⑩ 隐裂或碎片（图 6-77）

常见原因：吸片器问题；台面上有碎屑；台面不平；网板上粘有碎片或其他原因（原因较多）。

⑪ 电极脱落（图 6-78）

常见原因：印刷问题或烘干、烧结问题。

图 6-77　隐裂

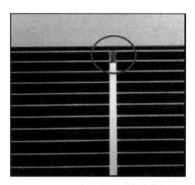

图 6-78　电极脱落

（2）生产监控常见问题处理

① 粘板　此问题在第二道印刷中最为常见，硅片印刷完后粘到网版上，而不是停在印刷台面上，后续印刷后会出现没有印刷上的现象。常见的原因为：丝网间距太小；待机时间过长，造成丝网漏过的浆料过多；网版张力下降；台面真空吸附不够。处理方法为：

a.待机时间过长，超过 2min，首先要用无尘布擦拭网版底部，把多余的浆料擦拭干净；

b.抬高丝网间距，加大印刷压力；

c.如果网版已经印刷时间过长，则需要更换网版。

② 漏浆　漏浆为非印刷浆料区域内有浆料印在硅片表面或边缘。常见原因为网版有破洞。

a.漏浆较小时，在相应漏浆网版上找出漏浆位置，用封网胶进行修补处理后继续使用。切忌不要把印刷浆料区域堵塞。

b.漏浆较大无法修补时，直接更换相应漏浆的网版。

③ 虚印　虚印主要出现在第三道印刷过程中，主要表现为印刷细栅线粗细不均，不平直。常见原因为网版高度太高，回料板高度太高；刮条不平；浆料黏度过高。

a.降低网版高度，检查是否回料板太高刮不到浆料，适当进行调整。

b.检查刮条是否平整，否则更换刮条，重新调整平衡。

c.浆料黏度过高，渗透性不好时，适当增加压力、降低印刷速度。

④ 印刷不全/断栅　主要表现为电极、背场印刷缺损，细栅线断栅。常见原因为有干的浆料或碎屑（片）将该印刷浆料区域的地方堵塞。

a.一般情况下，使用无尘布擦拭网版即可恢复正常生产。擦拭时顺着栅线方向均匀擦拭，不可用力过度导致网版局部张力下降。

　　b.由于浆料的渗透性导致虚印、断栅时，适当延长搅拌时间。印刷时可先使用无尘布蘸松油醇擦拭网版，然后用无尘布上下对擦网版。或者用无尘布蘸少许浆料，从网版底部沿栅线方向擦拭相应区域。

　　⑤ 印刷偏移　主要表现为印刷图形未处于硅片中心对称位置，造成一边或角度偏移。常见原因为更换网版后未进行影响修正，更换网版印刷首片时一定要检查是否有印刷偏移。首先目测是否中心对称及明显的偏移，若发现有明显偏移时，取出硅片（注意印刷时对应的位置），用游标卡尺来确定偏移方向及偏移量，然后根据测量情况调节 X、Y、θ 进行补偿。如果某一台面出现印刷偏移，则可能由于台面污染所致，用擦拭纸蘸酒精擦拭相应台面。出现非连续性偏移不能及时解决时，通知设备或工艺人员处理。

　　⑥ 隐裂　常见的原因有台面上有碎屑、台面不平整、网版上有碎片等。如果有碎片、碎屑，应及时清理，保持台面等生产线清洁，否则不但容易造成隐裂片，亦会导致网版破损。

　　⑦ 结点　指正电极网版细栅线上出现的粗点，主要原因为细栅线上有破洞，导致漏浆。出现此种情况，应及时更换网版，及时清理台面碎屑。检查刮条是否平整或破损。

　　⑧ 二次印刷双线　指在二次印刷完成后，正电极细栅线的二次印刷无法完全吻合，出现两次印刷栅线分离情形。此时需立即停机，通知工艺人员，判断是否为网版张力变形所致，并进行对应处理。

（3）工艺纪律及注意事项

　　① 非工艺人员或未经授权的非本段工艺人员不得更改工艺参数，工序长或工序长授权的生产人员只能在允许范围内修改相应参数。生产人员按规定更改完工艺参数后，要及时通知当班工艺人员，并在《丝网印刷工艺参数更改记录表》上做好更改记录，并由工艺人员签字确认。

　　若出现印刷质量问题，在参数范围内调节无效时，则立即通知工艺人员。

　　② 生产人员无权对烧结炉进行任何参数更改。

　　③ 若烧结炉报警，第三道印刷应立即停止投片，并通知测试分选工序截留烧结炉报警后生产的电池片，同时通知工艺、设备人员。

　　④ 在生产过程中，严禁员工打闹嬉戏。员工须严格遵守车间劳动纪律及工艺卫生要求。

　　⑤ 生产过程中要时刻关注设备运行情况，需要离开工作岗位时，需要有人代为关注设备运行情况。

　　⑥ 生产过程中，禁止徒手作业，并时刻保持乳胶手套清洁。若发现手套已被污染，需立即更换乳胶手套。

　　⑦ 在正常生产工作中，操作人员须严格按照作业指导书进行正规操作。在设备或工艺出现异常之后，立即告知工艺人员或设备人员进行处理。

　　⑧ 手套及无尘布不能从其包装口袋中全部取出。无尘布包装应从一个方向打开，然后将无尘布口袋放入抽屉中，待使用时从一边拿出。手套包装应从靠手腕处打开，然后放入抽屉当中。

　　⑨ 不得佩戴手链、项链等链状物或金属饰品。

　　⑩ 不得触摸活动（电机、抓手等）及带电（传导线）、加热（烧结炉、烘箱）部件。

　　⑪ 浆料须规范使用，小心进入口鼻及眼睛中。

　　⑫ 眼睛不要直视烧结炉灯管。

⑬ 操作人员在操作机台时，他人不要触动设备按钮。

⑭ 遇到火警、特气报警等，应立即有序撤离，待收到通知后方可进入车间。

6.4 丝网印刷返工生产

在丝网印刷生产过程中产生的印刷错误，如正面主栅线、正面细栅线、漏浆、背电极、背电场印刷不良等，需要进行返工生产。通过本任务的学习，学生能够确定哪种印刷错误可以进行返工生产，掌握返工生产的流程和操作，并对生产结果进行正确监控。

可返工片是指，对于丝网印刷生产中出现的正面主栅线、正面细栅线、漏浆、背电极、背电场印刷不良超过检验标准中 A、B 级标准（即因印刷不良造成的 C 级片）。不可返工片即指纹片、沾污片（类油污）、崩边。

① 首先做好丝网印刷生产前准备工作。然后在丝网印刷工序及时挑选出可返工片，避免印刷不良的在制品流入烧结炉。

② 对于印刷一道的返工片，挑出后立即用无尘布蘸湿酒精擦洗背电极至表面没有可见的浆料痕迹。擦洗时注意浆料沾到返工片边缘。清洁完毕后本工序返工即可。

③ 二道和三道（包括双印的四道）要分开收集，分开清洗。

④ 清洁二道的返工片时，先检查工作台上有无碎屑，再铺无尘布在工作台上、避免台面污染；将返工片背面朝上放于垫布上面，先清洁返工片背面；用无尘布蘸湿酒精擦洗，擦洗方向为从中心至边缘；擦洗完的返工片放入返工片盒内晾干；重复擦洗几遍，直至表面没有浆料痕迹；最后清洁返工片正面，换干净的无尘布蘸湿酒精擦洗，只擦洗有浆料痕迹的区域，擦洗方向也是从中心至边缘，放入返工片盒内晾干；最后用干净的无尘布擦拭返工片边缘后，放入超声波清洗机内清洗 30min。擦洗过程注意用力大小，避免碎片。

⑤ 清洗三道（包括双印的四道）返工片，按先正面再背面最后正面的顺序清洁，每次更换正背面都要更换垫布和擦洗用的无尘布。三道（包括双印的四道）的返工片挑出后立即清洗，避免浆料干化后清洗不干净。将返工片正面朝上放在垫布上，倒少量松油醇在正表面上，用无尘布蘸湿酒精擦洗至表面没有栅线痕迹，放入返工片盒晾干；晾干后擦洗返工片背面，擦洗方法与④相同。最后用酒精擦洗返工片正面，用干净的无尘布擦拭返工片的边缘，放入超声波清洗机清洗 30min。

⑥ 返工片清洗干净后，由丝印工序的工艺人员确认返工片清洗干净程度，表面无浆料痕迹方可放入清洗机里清洗。如发现有清洗不干净的，将退回由生产人员重新清洗，不予返工。当班产生的丝印返工片原则上由当班生产人员返工。

⑦ 每班需更换超声波清洗机内的酒精。如返工片数目多，更换频次可适当增加。添加酒精到超声波清洗机时，注意先清洁槽污渍，倾倒酒精至能浸没返工片为止。

⑧ 从超声波清洗机里拿出返工片后，晾干，用干的无尘布擦拭返工片边缘，放入干净的返工片盒。如果电池片表面晾干后仍有明显脏污，用无尘布蘸湿酒精擦洗。

⑨ 把已经在超声波清洗过的返工片收集起来，集中在交接班前 3h 内到扩散清洗间进行酸洗。酸洗在扩散清洗间的副槽进行，先用纯水清洗酸洗用的水桶，然后用水枪向水桶注入半桶的纯水（约 8L），将水桶放入副槽中；佩戴好防毒面具和眼罩，穿上防化围裙；戴上防化手套；向水桶倾倒约 3L 的盐酸；浓盐酸的挥发性很大，操作过程中应尽量

避免吸入挥发气体，注意人身安全；配液完成后（此时浓度约为10%），将装有返工片的花篮放入配好的溶液内浸泡30min后拿出，利用副槽对酸洗后的返工片进行水洗1min，拿出；用甩干机甩干。

⑩ 酸洗完的返工片拿回丝印工序一道开始返工。

⑪ 监控返工片以正常印刷生产工艺生产，以正常标准检验，合格下传。如出现外观或电性能异常情况，应立即通知工艺、品管人员处理。

【相关知识】

(1) 铝刺的去除

铝刺是铝背场在烧结时产生的颗粒状凸起或者小刺，如果不去除，可能会造成与之接触的电池片正面划痕或者碎裂。去除铝背场上的铝刺，可改善电池片外观，防止铝刺在搬运过程中对电池片造成损伤。

生产人员按要求穿戴好手套，准备好刮铝刺的小刀。外观检验人员检查电池片背面，凡是发现有铝刺的电池片均需要去除铝刺。具体操作如下：

① 将电池片平放在工作台上，电池片背面朝上，保证工作台上无碎屑和其他杂物，防止在刮铝刺过程中电池片与碎屑接触处受力过大而造成电池片碎裂，建议不要使用瓦楞板，不平整的瓦楞板会使电池片受力不均而碎裂；

② 用小刀刮掉铝刺，如图6-79所示，小刀方向倾斜约45°，用力要适中，避免在刮铝刺过程中造成碎片以及多余的刮痕出现；

③ 去除铝刺完毕后，应用手指轻轻扫走铝背场的粉末。

(2) 浆料的使用

① 正银浆料准备　对于需要类型的正银浆料，使用之前，根据《丝印工艺作业指导书》的要求，在搅拌时标记上搅拌日期、时间。同时按照搅拌机上标定的浆料桶放置方向（瓶盖指向方向）放置，以保证浆料桶瓶盖不会在搅拌过程中拧松。并且在满足《丝印工艺作业指导书》规定搅拌时间后，开始使用。如图6-80所示。

图6-79　去除铝刺

标识：瓶盖指定方向

图6-80　浆料桶按照指定方向放置

② 使用中的正银浆料规范

a.正银浆料桶的开启及使用　首先根据丝印印刷生产要求，开启瓶盖后，将在搅拌过程中黏附在内盖上的浆料用铲刀做初步清理（图6-81）。待铲刀初步清理后，用刮条将内盖进一步清理，以达到内盖上无残存可清理浆料为止。如图6-82所示将内盖保存，待空瓶退库时，连同浆料桶统一退库。

图 6-81 用铲刀对开瓶的内盖做初步刮铲清理

图 6-82 用刮条对开瓶内盖做进一步清理

b.网版更换时的正银浆料规范 在完成网版定位后，用铲刀向网版内加入浆料，使得浆料布满印刷区域，用铲刀摊平，同时使得浆料厚度约1cm。若同时更换刮条或清理刮条、回料刀，则需要按照丝印刷生产要求，用铲刀涂抹浆料于刮条和回料刀印刷位上，以顺畅印刷。具体浆料添加如图 6-83 所示。

c.使用中网版和刮刀上正银浆料的管理 在正常生产过程中，保证浆料分布在网版对应的、相对较小的印刷范围内，避免刮刀触及不到的边缘堆积浆料（要求正银边缘高度累积不超过 1cm。如图 6-84 所示，要及时用铲刀将边缘堆积浆料刮回印刷区域，避免干结），以及印刷头的结构上黏附浆料（图 6-84）。

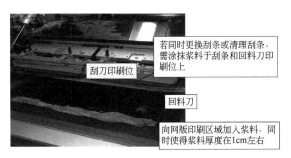
图 6-83 网版更换时加入浆料示意图

图 6-84 保证浆料分布合理

d.使用中浆料添加规范 当网版印刷区域外无堆积浆料，且浆料回墨不流畅时，须向网版内添加浆料。原则为少加、多次加。即每次用铲刀铲约布满印刷头区域的浆料，添加进网版，并用铲刀调整均匀网版内浆料分布。浆料添加如图 6-85 所示。

e.使用中浆料瓶和铲刀上的浆料管理

（a）在正常使用过程中，保证浆料瓶，特别是开口边缘不黏附浆料，如果有，要及时刮回浆料桶。在每次加完浆料后，及时合上浆料盖（图 6-86）。

图 6-85 浆料添加示意图

图 6-86 添加完毕后浆料瓶、铲刀合理放置

（b）在每次添加完浆料后，将铲刀上浆料刮回浆料桶，然后用无尘纸擦拭干净铲刀，以备使用（图6-87）。

③ 浆料桶中浆料使用完毕后的浆料管理

a.浆料桶的初步处理　用铲刀将桶中可铲出部分浆料铲进网版内以继续使用。

b.浆料桶的再处理　待浆料桶初步处理完成后，用刮条进一步将桶内浆料刮蹭至现用浆料桶（图6-87），直到其中不残留可刮蹭浆料为止（图6-88）

图6-87　用刮条进一步刮干净浆料桶

图6-88　刮蹭干净的浆料桶

附：外盖、内盖

附注：班次、姓名

图6-89　正银浆料桶结构及称重示意图

c.浆料桶的回收处理　库房将对浆料桶（附外盖、内盖）称重后进行回收处理。浆料桶结构如图6-89所示。

规定：

（a）对于正银浆料桶，库房回收的重量不大于113g；

（b）对于各班次处理的回收桶，标明班次、姓名（如B班×××），以利于回收桶的有效回收管理。

④ 网版使用完毕后附着正银浆料的管理

a.刮刀、回墨刀上浆料管理　用铲刀将刮刀和回墨刀上的浆料刮回浆料桶，尽量将其上浆料刮蹭干净，待抽出网版后做进一步清理工作。

b.网版上浆料的管理　抽出网版后，先用铲刀将其上未干结浆料刮回现用浆料桶（图6-90）。之后将边缘略微干结浆料部分，以及用刮条在网版上平移刮蹭网版的浆料部分（图6-91），统一回收进现用背银浆料桶中，手动搅拌约5min后可以使用，如图6-92所示。刮蹭干净后网版上不残存浆料，此时需工艺确认后，方可对网版更换记录进行签字（图6-93）。

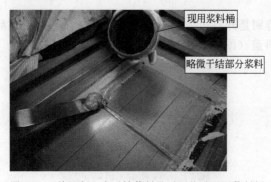

现用浆料桶

略微干结部分浆料

图6-90　将网版上未干结浆料及时回收进现用浆料桶

图6-91　回收网版上干结浆料

图 6-92　回收浆料并搅拌

图 6-93　将网版上浆料刮干净后不残存可刮蹭浆料

思考题

1. 对比分析各类电极制备方法。
2. 简述丝网印刷工艺流程。
3. 如何能够合理地使用浆料?

模块 7

烧结工艺

① 理解烧结工艺的目的。
② 了解烧结炉的结构。
③ 了解不同的烧结方法。
④ 理解烧结炉曲线的测试方法。

① 能够根据温度曲线调整烧结方案。
② 会进行简单的设备拆解。
③ 能够进行炉温曲线的测试工作。

7.1 烧结定义及目的

7.1.1 烧结的定义

在高温下，固体颗粒的相互键连，晶粒长大，空隙（气孔）和晶界渐趋减少，通过物质的传递，其总体积收缩，密度增加，最后成为具有某种显微结构的致密多晶烧结体，这种现象称为烧结。烧结是粉末或粉末压坯加热到低于其中基本成分的熔点的温度，然后以一定的方法和速度冷却到室温的过程。烧结的结果是粉末颗粒之间发生黏结，烧结体的强度增加，把粉末颗粒的聚集体变成为晶粒的聚结体，从而获得所需的力学性能的制品或材料。

7.1.2 烧结工艺的目的

铝的熔点 660.4℃，Al-Si 共熔点为 577 ℃；银的熔点 960.7℃，Ag-Si 共熔点为 840℃。

烧结的目的：

① 干燥硅片上的浆料，燃尽浆料的有机组分，使浆料和硅片形成良好的欧姆接触；

② 烧结的目的是把电极烧结在 p-n 结上，高温烧结可以使电极穿透氮化硅膜，形成合金；

③ 消除背面 p-n 结，形成 p^+ 层，提高电压。

7.2 烧结工艺流程

7.2.1 典型烧结设备

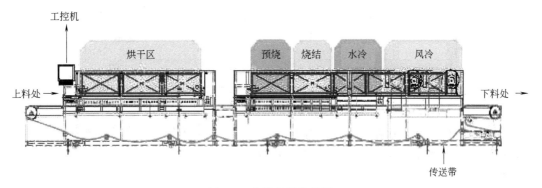

图 7-1 烧结炉结构简图

以下是 Despatch 公司的红外炉详细的操作说明，如图 7-1 所示，这些指令描述了启动和关闭炉子的正常操作顺序。炉子控制器是一台装有 Despatch 公司软件的 PC 机，操作人员可以通过包含有显示器、鼠标、键盘的 PC 控制台对炉子进行控制。炉子启动，PC 机自动打开软件。

炉子的正常/维修开关必须被放置在正确的位置，以使 PC 软件适当运行。

(1) 系统组件

① 主屏 图 7-2 显示了超级管理员成功登录后的控制屏幕。

② 软件配置文件（∗.ini） 这些文件是软件正常运行的必要文件。不要手动修改这些内容。

③ 系统事件日志 这个文件不是安装文件的一部分，而是在软件运行后会产生的。它类举了软件产生的事件，包括时间日志、系统状态、使用者姓名以及对事件的描述。

(2) 软件描述

① 进入 打开红外炉控制软件后，操作人员在进入系统功能前需要登录。登录按照下面的步骤进行：先点 LOG IN，这样注册对话框出现（图 7-3）。系统接受任何一个对应唯一特征码的用户 ID。

一个超级用户必须先注册，才能进入 SETUP 对话框（图 7-4），设置不同等级的密码。最初密码是按照图 7-4 所示进行设置的。同样，包括 SETUP 界面在内，管理员可以访问不同的功能。

输入用户 ID 以及相应的密码后，按下 ENTER 按钮登录或者 Cancel 返回主界面。注册

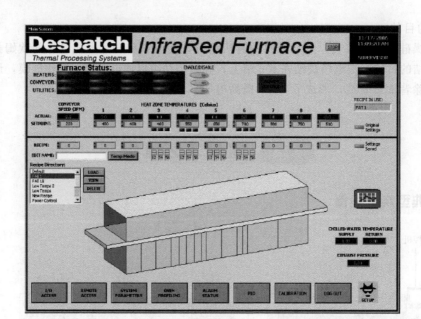

图 7-2　红外烧结炉主屏幕

的用户 ID 和等级必须显示在主屏幕的右上方。

注意，只有超级用户才能通过按下 STOP 按钮退出红外线炉软件。

② 炉子状态　这里可以设置功能、传输、加热状态。当按照手册模式运行时，例如，对于注册的工程师或者管理员，程序可以开启。运输系统只有功能状态就绪后才能启动，最后才是加热系统启动。

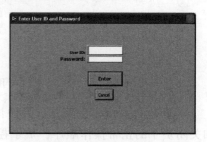

图 7-3　登录屏幕

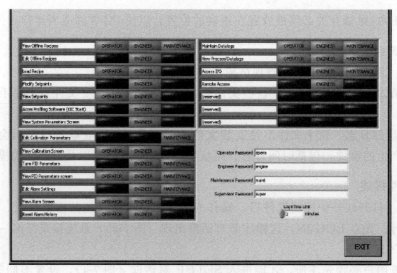

图 7-4　安装屏幕

③ 自动运行　当一个操作人员作为一个合法用户登录时，在系统载入一个工艺配方时，系统将提供一个自动操作按钮，如图 7-5 所示。点击 RUN 按钮，会启动自动循环系统，这

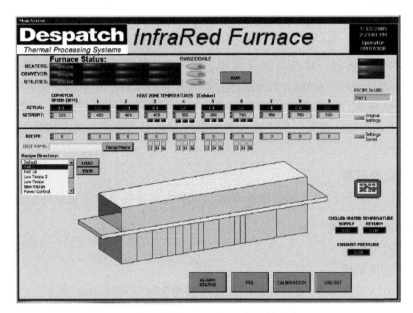

图 7-5　带有操作员登录的红外烧结炉主界面

样进入运行，然后在搬运系统达到设定的工作点并稳定工作时，加热器开始工作。当加热状态准备好时，说明加热器到达理想的工作点。

④ 停止自动运行　同一 RUN 按钮可以停止自动反应过程。点 STOP 按钮，会启动终止程序，这样加热器开始冷却。当加热器失效，加热区温度开始下降而其他功能键全是灰色。一旦温度达到 200℃，加热器显示失效并且运输停止，立刻导致功能键失效。

⑤ 状态标记

a.脱机　说明系统不能和 I/O 接口建立正确的传输。

b.失效　说明系统部分不能运行。例如加热器、运输器或者 Utilities。利用 Enable/Disable（在可行时）改变这个状态。

c.稳定性　说明系统部分达到理想的工作点。

d.准备　说明部分系统达到理想要求或者全部的前处理已经完成。

e.冷却　说明部分系统处在关闭过程中。

f.警告　说明达到临界点，在清楚警告条件前阻止部分系统继续运行。

⑥ 报警消除　当报警发生时，这个按钮将出现，并且可以用来消除警报。

⑦ 最高极限设置　只要炉子或者干燥器激活或者温度传感器失效，说明加热区温度超过极限，这个按钮是可见的。点这个按钮，重新设置温度传感器。

(3) 程序控制

① 程序　这些命令可用来定义传送速度和温度设定，具体参考其他细节。当程序设定改变时，保存按钮的 LED 会由绿色转向黄色，说明改变没保存。点重新保存，回到最初的设置，或者点 SAVE 来保存。

注意：可以将变化保存为一个新的工艺文件。

② 设置点　这些命令可用来修改当前程序运行的实际值，参考加载程序部分得到更多信息。当最初的值改变时，最初的设置灯绿色会变为黄色，说明设置改变了。点 RESTORE

恢复到原来的设置。

③ 实际情况　这些设置显示了实际的运输速度和加热区温度值。温度用℃或者 F 表示，这些由系统参数设置。

当模式支持加热区时，这些设置是可用的，4 个加热区和 3 个指令，每个指令说明了 Lamp1～2、Lamp3～4、Lamp5～6 的状态。设置每对灯是程序定义的一部分。

④ 工艺参数目录　这里展示了所有定义的工艺配方的名字。根据进入的等级，用户可创建一个新的工艺参数，查看、载入或者删除已经有的工艺曲线。更多信息可参考工艺参数的定义和修改。

（4）数据记录屏幕

点击 ▨▨ ，用户可以进入数据记录界面。以后会提供更多数据记录的信息。

（5）温度和压力监视

① 冷却水温度供应。

② 冷却水温度循环。

③ 排气压力（可选择），更多详细的描述可参考 *VOC Condenser* 部分。

（6）菜单按钮

这些按钮位于主屏幕底部区域，其目的是给用户提供附加的功能。根据用户级别，其中有些可能不能用。

（7）灯信号

▬▬▬ 这些按钮提供灯的信息，每个按钮（绿、黄或者红）接至 NO 或者 OFF 位置，则对应相应颜色的灯光。

（8）定义和修改工艺参数

主菜单提供用户修改和定义程序。软件有自带的程序，它们可以被修改或者删除，或者定义新的函数。下面描述怎么创建。

① 创建新函数　要创建新的工艺参数，使用人员应当以超级用户的身份登录，按下列步骤创建新的工艺参数：

a. 在函数命令里设定每个加热区理想的传输速度和温度；

b. 如果可能，设定选择好的开关对应的 4 个加热区，这些开关可以单独改变 SCR 的输出上限和下限；

c. 如果可能，设定温度或者电力控制；

d. 提供一个程序名字；

e. 完成后保存。

② 修改已有程序　用户必须是管理员才能修改已有的函数：

a. 从程序目录选择要修改的函数点 VIEW；

b. 函数值现在显示在函数命令里；

c. 修改运输速度或加热温度；

d. 如可能，修改每个加热区的开关，这些开关允许独立设置每个上下限值；

e. 如果可能，修改温度或者动力控制模式，在动力模式，加热区值用百分数表示，注意在动力模式下，软件操作是开放循环模式，并不提供封闭循环式温度控制；

f. 保存新函数，改变名字在名字控制栏；

g. 点保存结束。

注意：点 RESTORE 就不再保存改变的函数而回到最初的设置。同样，可以删除已有的函数，点 DELETE，只有管理员或者工程师才可以。

（9）载入工艺参数

除非是注册的用户，否则在导入一个程序前，软件不允许用户改变运输和加热等，或者打开机器。

为了载入一个函数，选择函数目录并点载入按钮。这样，被选择的函数就被载入，而函数数据就显示在控制命令里。用户可通过修改命令修改载入的值。

定义函数时，依靠选择好的模式。设定值在温度模式下随温度改变，或者如果可能，当转到动力模式就用百分数形式表示。

（10）附加功能

软件提供了附加的功能，可通过点屏幕下的菜单实现。注意，这由登录人员的级别决定，一些按钮也许不可用。同样，一些选项可能不支持你的系统。

7.2.2　烧结工艺流程

以 Centrotherm DO-FF-HTO-12.500-300 烧结炉为例，介绍烧结炉的操作。

图 7-6　气压计与水压计

（1）开机操作

① 打开厂务端压缩空气和冷却水（图 7-6），使其压力在标记范围内。压缩空气 0.6～0.8MPa，冷却水进水压力 0.4～0.6MPa，出水压力为 0。

② 打开机台气柜和冷却水柜，开启手动气阀和水阀，查看压力范围（图 7-7）。先开出水阀，再开进水阀。压缩空气 3～4kg，冷却水 2～4kg。

③ 拔出所有急停开关，开启主电源（图 7-8），开启热风扇，等待电脑自动加载程序。

图 7-7　气阀与水阀的压力查看　　　　　　图 7-8　开启主电源

④ 输入 "Operator" 密码 "6065"，进入 CMI 计算机的 XP 系统，自动启动 CT-Visual 软件（图 7-9）。

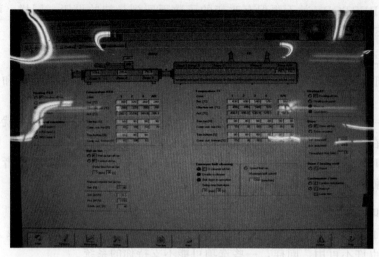

图 7-9 电脑加载程序界面

⑤ 点击 "Login" 按钮。在显示的对话框中选择用户并输入密码（图 7-10）。

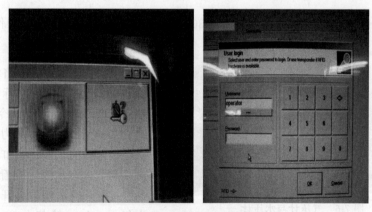

图 7-10 密码输入界面

⑥ 在导航条上，点击 "Load recipe" 按钮。在显示的对话框里，选择配方并按 "OK" 确定。用户界面在相应区域显示设置点、修正因子、容忍值。状态按钮依据配方而变化。检查并保存激活设定。

⑦ 顺时针手动操作面板，设置钥匙开关 "Drive OFF/ON" "Heating FF OFF/ON" 以及 "Heating HTO OFF/ON" 至位置 "I"，点击 "Alarms" 标签上 "Update table" 和 "Only show alarms" 区域表格，只列出未确认的警报。

⑧ 点击 "Drive/Heating reset" 标签上的 "reset" 和 "confirm/horn" 标签上的 "confirm disturbance"。

⑨ 设备加热至设定温度，传送带驱动运行在设定速度。

(2) 生产作业操作

① 普通操作员启动自动烧结操作

a. 直接从程序菜单中调取所要的程序。

b. 直接点击 RUN 就可以了。

② PID 的调整与控制（图 7-11）

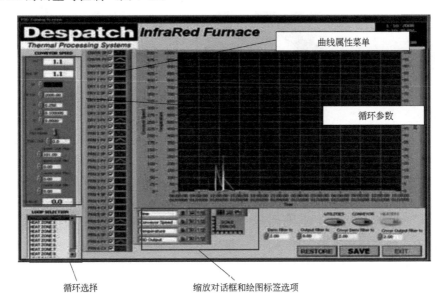

图 7-11　PID 调整与控制

③ 轴承维护操作（图 7-12）

图 7-12　轴承维护操作

④ 玻璃棒维护操作（图 7-13）　每 3 个月清理一次。

图 7-13　玻璃棒维护操作

⑤ 压缩空气清理维护（图 7-14）　每 3 个月清理一次过滤器。

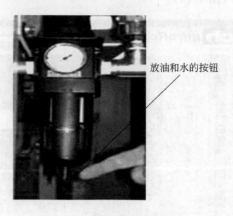

放油和水的按钮

图 7-14　压缩空气清理维护

⑥ 冷却水过滤器清理维护（图 7-15）　每 3 个月清理一次冷却水过滤器：先关水后放压，后清理。

释放气压按钮

图 7-15　冷却水过滤器清理维护

⑦ 空气过滤器清理维护（图 7-16）　每月清理一次。注意放置的方向。

AIRFLOW

图 7-16　空气过滤器清理维护

（3）关机操作

① 退出生产。

② 运行一已定义的低温配方，使设备冷却至150℃左右。不可直接关闭冷却水、压缩气体、废气排放阀门。

③ 关闭干燥加热开关、烧结加热开关和传送带开关。使用 Windows 菜单关闭设备 PC。

④ 用总电源开关关掉设备电源。

⑤ 关闭媒介供应所有关断阀。

⑥ 关掉外部废气排气管。

7.3 烧结温度曲线测试

7.3.1 烧结温度曲线

对于晶体硅太阳电池来说，烧结是最后一个工艺。烧结本身并不能提升效率，只是将电池应该达到的效率发挥出来，最终电池效率如何，要在烧结工艺全部完成时才能体现出来。烧结曲线是利用炉温测试仪模拟电池在烧结炉中完成一个工作循环后，测试记录炉内温度随时间变化的曲线。

烧结曲线较多的是陡坡式和平台式。陡坡式曲线上升缓慢，平台式在高温区会突然上升，使用哪种温度曲线，要结合不同的烧结炉和不同的工艺，工艺的前后匹配很重要。图7-17 为两种不同的烧结炉温曲线。

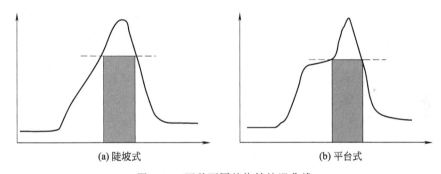

(a) 陡坡式   (b) 平台式

图 7-17 两种不同的烧结炉温曲线

烧结曲线需要借助烧结炉来完成。平台式曲线温度突然上升部分，对快速升温和稳定性的要求较高，所以浅结高方阻结构和平台式曲线相对比较匹配。在烧结炉硬件性能达不到标准要求的情况下，普遍选择陡坡式烧结曲线。一般来说，这种曲线在高温区稳定性好，对工艺的兼容性也很好。

目前的太阳电池使用的是正背共烧工艺，正面的烧结显得更加重要，因为银硅的欧姆接触相对较难，其接触电阻占串联电阻份额较大，因此铝浆、背银的设计应该去匹配正银的烧结条件。

(1) 温度调节的时机选择

正常情况下，为了不轻易打破烧结炉的热量交换，烧结温度不应做太大的调整。当电池的电性能和外观出现异常，才需要调节烧结温度。

如果遇到重要的工艺调整，例如扩散方阻变化（比如高方阻）、正面图形设计更改、浆料升级和更换、突然的工艺异常，电池外观异常等情况，可以对烧结温度做一些调整。调整时首先要做的就是对测试结果的观测和分析，先参考电性能，观察 FF 和串联电阻的变化，再观察并联电阻和反向电流是否异常。最后参考外观，比如出现弓片、鼓包等外观异常。

（2）烧结温度调节对温区的选择

生产用烧结炉有 9 个区，基本的设计分为前后两部分。前半部分的 3 个区为烘干区，主要完成浆料中有机物的烘干和燃烧；后半部分的 6 个区，主要完成背场和正面的烧结。

背场的烧结主要是铝浆到铝金属的转变和硅铝合金的形成，也可以说是硅铝欧姆接触的形成。正面的烧结是银浆到银和玻璃料混合固体的形成。烧结的关键是银硅的欧姆接触，因为银的功函数较高，和铝相比，较难以和硅形成欧姆接触。所以当选择温区进行温度调节的时候，可按照下列步骤：

① 如果串联电阻和 FF 出现异常，首先优选调节 9 区，8 区做配合，可以理解为 9 区粗调，8 区微调；

② 如果是铝背场外观出现弓片、鼓包问题，在浆料工艺条件吻合的情况下，一般峰值温度已经偏高，这时优先降低 8 区和 9 区的温度，效率明显下降时适当回调，再结合 5、6 和 7 区配合调节。

调节时建议一次只变动一个温区，这样既可以保证效率，又保证外观正常。

（3）烧结温度升降的选择

对于烧结温度调节来说，大家普遍关注的是实际的峰值温度。正银的烧结有一个最佳烧结点，温度过高，存在过烧；温度太低，存在欠烧。两种情况下都不能达到理想的烧结效果。怎么才能找到最佳烧结点，把握好温度的升降，是温度调节的关键。如何判断升温还是降温，主要还是根据测试的结果。电性能参数是温度升降的一个重要依据，可以根据电性能参数初步判断是过烧还是欠烧。过烧时，会消耗过多银，银硅的混合层（银硅并未形成合金）能起到阻挡载流子的作用，混合层会造成串联电阻偏大；欠烧时，银浆不能充分穿透氮化硅进入 N 型层，不能形成良好的欧姆接触，同样也会造成串联电阻偏大。所以仅凭串联电阻还不能判断出烧结的状态，需要结合并联电阻或者反向电流来判断。过烧时，银浆中的成分进入结区的可能性大，会造成部分短路，并联电阻会偏小；欠烧时，并联电阻和反向电流相对理想。因此，结合并联电阻和反向电流可以帮助判断烧结的状态。

有时候在实际的操作过程中，仅凭这些参数的组合特征并不能显现出烧结状态，需要用尝试的方法来判断过烧还是欠烧的状态。

当判断不了问题的出现究竟是过烧还是欠烧时，可以直接升高或者降低 9 区的温度，找出大致调节的方向，然后再一步步调节温度。在调节过程中，可以参考背场外观情况，如果背场边缘开始出现鼓包，说明温度已经偏高，此时应该处于过烧状态，应该适当降低峰值温度，接近最佳烧结点。

在对烧结温度调节之前，还要做的一件事情就是查看烧结炉的每个加热灯管是不是在正常的情况下工作。观察点是各温区加热灯管输出功率的百分比，如果发现百分比偏大，或者是上下波动较大，需要让设备人员检查加热灯管的状态。

（4）温度调节过程中异常情况处理

① 弓片　弓片是一种常见的外观异常现象，薄片、铝浆和印刷湿重都可能引起弓片。当出现弓片时，最快捷、最有效的方法是降低烧结区的温度。首先降低 9 区温度，以防效率出现严重下滑，同时 8 区可以配合调节；效率开始下降时建议停止降低温度，适当降低 6 区和 7 区的温度，减少硅片在 577℃以上的时间。但是，在保证效率的情况下，有时温度调节

不能完全保证消除弓片，只是降低其严重性。

② 鼓包和铝珠　鼓包现象是经常出现的外观问题，除了浆料本身的原因之外，都可以通过调节烧结区的温度来解决。铝珠一般都是烧结区温度过高才会出现，一次烧结就出现铝珠，很可能是过烧引起的（还有其他非烧结原因）。

由于硅片在烧结炉中是从边缘到中间逐渐完成烧结，最先出现鼓包和铝珠的往往是边缘。此时也可以判断温度是过高的，采取的主要措施是直接降低烧结区的温度。铝珠跟镀膜方式和履带设计有很大关系，降低温度可以减少铝背场在高温的时间，也就是减少了液态的时间，进一步降低了鼓包和铝珠出现的可能性。

(5) 温度稳定性的干扰因素

对于烧结来说，最理想的状态就是温度稳定，片与片之间的效率波动在很小的范围内。影响温度稳定性的因素有很多，比如 CDA、有机排风、灯管状态、8 和 9 区灯管功率设定等。炉腔的温度维持是靠加热灯管供热，而履带、硅片、CDA、有机排风和腔壁都是吸热的，因此需要综合考虑各种因素，才能维持温度的稳定。

① CDA 和有机排风　烧结炉的温度调节功能和有机排气功能都不能离开 CDA。对于炉腔来说，腔体的温度维护要靠 CDA 来完成。对于 9 区来说，如果 CDA 流量过大，单位时间内带走热量就越多，烧结炉温控系统就要靠加大功率来维持热量损失，这就增加了温度的不稳定性。因此，当温度不稳定时，要特别注意观察上下功率的波动情况，必要时适当对功率做出调整。

② 上下灯管功率设置　由于对温度的调节过度关注，而使得对功率的调节较少。其实，功率的设置对温度的稳定也是非常重要的。相对正面，背场烧结需要更多的热量。因此，8 区的下功率可适当设置大一些，以满足热量补偿的需要。而对于 9 区，下功率设置适当小一些。但是也不能太小，太小的话需要上灯管贡献更多热量，这样让上功率更加自由地小范围内波动，满足正面烧结的需要，因为正面的烧结更加重要。

③ 灯管的影响　温度的稳定，首先要保证硬件正常。当温度异常时，也可以检查下高温区灯管的状况。一是使用钳流表检查两端电压是否正常，如果有明显异常的话，说明需要更换；二是查看灯管表面是否有物质覆盖，如果有的话，使用无尘布擦拭（根据说明书使用有机物擦拭）。这时也说明 CDA 或者有机排风异常，适当优化设置，正常情况下高温区有机物很少。

当调节温度的时候，要承认每个烧结炉的差异性，每个烧结炉的设定温度与实际烧结温度的差别也是不同的，工艺往往需要的是实际的烧结温度。一定程度上来说，可以认为温度设置是一种假象，不要以设置温度去判断烧结炉温度设置是否合理，应该站在拉温曲线的基础上去判断，这样才能更加科学地设置曲线，因为不同的烧结炉，热电偶安置的位置可能有所差异。烧结应坚持一项最基本的原则，就是尽量在最低的温度下完成烧结，因为高温既会影响加热灯管的寿命，也会增加过烧的概率，给电池外观问题带来风险。

图 7-18　炉温测试仪

7.3.2　烧结温度曲线的测试

烧结炉温度曲线的测试，需要通过炉温测试仪来实现，Datapaq 系列测试仪（图 7-18）是目前在太阳电池生产领域较为常见的生产设备。表 7-1 是 Datapaq Solarpaq 炉温测试仪的主要参数。

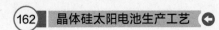

表 7-1　Datapaq Solarpaq 炉温测试仪的主要参数

隔热箱				
TB7250 尺寸($H \times W \times L$)	23mm×165mm×224mm(0.91in×6.5in×8.82in)			
重量	914g(2.1lb)			
加热持续时间 持续时间/min	200℃(392℉) 19	400℃(752℉) 5.5	600℃(1112℉) 4.5	800℃(1472℉) 3.5
材料	不锈钢外壳,带微孔陶瓷绝缘			
TB2094 尺寸($H \times W \times L$)	19.5mm×90.5mm×336.5mm(0.77in×3.5in×13.2in)			
重量	900g(1.9lb)			
加热持续时间 持续时间/min	200℃(392℉) 6.5	400℃(752℉) 2.0	600℃(1112℉) 1.5	800℃(1472℉) 1.0
材料	不锈钢外壳,带微孔陶瓷绝缘			
TB7200 尺寸($H \times W \times L$)	19.5mm×165mm×234mm(0.77in×6.6in×9.21in)			
重量	940g(2.07lb)			
加热持续时间 持续时间/min	200℃(392℉) 6.5	400℃(752℉) 2.0	600℃(1112℉) 1.5	800℃(1472℉) 1.0
材料	不锈钢外壳,带微孔陶瓷绝缘			
数据记录器	Datapaq Q18 记录器具有坚固、可靠且准确的数据采集电路、清晰的状态指示以及智能电池管理系统			
型号	DQ1860/DQ1861			
通道数量	6			
采样间隔	0.05s～10min			
准确度	±0.5℃(±0.9℉)			
分辨率	0.1℃(0.2℉)			
最高内部工作温度	85℃(185℉)			
温度范围	－200～1370℃(－328～2498℉)			
存储器	55000 读数/通道(6 通道激活)			
数据采集开始	开始/停止按钮,时间或温度触发			
电池	NiMH 可充电			
热点偶	K 型			
探头夹				

该探头夹可牢牢固定电池,所以可以轻松将相关联的特别定制的探头滑入至正确位置。

PA2100 用于平行传动带上 156mm(6.1in)或 125mm(4.9in)的电池或那些带压铆螺母柱的电池。

PA2110 的外径宽度为 156mm(6.1in),特别适用于带有边沿电池支撑的熔炉,确保该系统处于正确的高度。

推荐热电偶	
PA1570	300mm(1ft)长
PA1571	600mm(2ft)长
PA1572	1000mm(3.25ft)长

非常精细的矿物绝缘 K 型热电偶,直径为 0.5mm(0.02 in)。这些热电偶均为 BSEN 60584.2Class 1。

K 型细线纤维探头	
PA1144	500mm(1.6ft)长度
PA1145	1000mm(3.25ft)长度

细线 K 型热电偶,带灵活的无黏性纤维绝缘。平整的热结,可改善与电池的热接触。符合 ANSI MC96.1 误差特殊限值要求

(1) 炉温仪软件具体设置

① 设置过程（图 7-19）。

图 7-19 初始画面

② 创建新烘炉（图 7-20）。

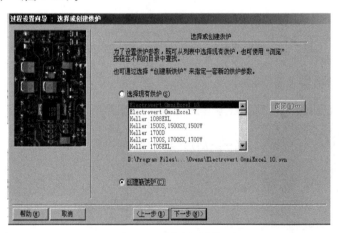

图 7-20 创建新烘炉

③ 根据烧结炉具体型号与参数设置烘炉分区（图 7-21）。

④ 创建新配方（图 7-22）。

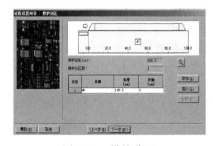

图 7-21 烘炉分区

图 7-22 创建新配方

⑤ 根据第③步的分区设置不同的分区温度范围（图 7-23）。

⑥ 设置炉温测试仪的启动条件（图7-24）。

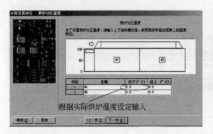

图7-23　设置分区温度范围

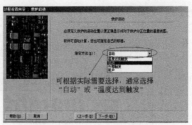

图7-24　烘炉启动条件

⑦ 选择是否需要进行炉温仪数据分析和警报（图7-25）。

⑧ 设置放置于太阳电池上的探头数（迎光面和背光面一般都需要放置探头，最少2个）（图7-26）。

图7-25　数据分析

图7-26　设置探头数

⑨ 设置探头的位置（图7-27）

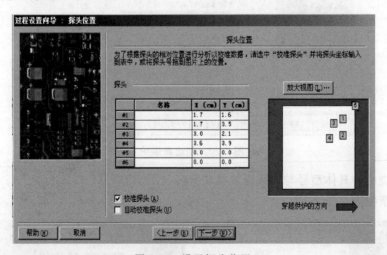

图7-27　设置探头位置

（2）温度具体测试

温度曲线测量分为重置与下载两部分。重置——清零记录器内数据并观察记录器状态。下载——读取记录数据。

① 重置操作（图7-28）

② 下载操作（图7-29）

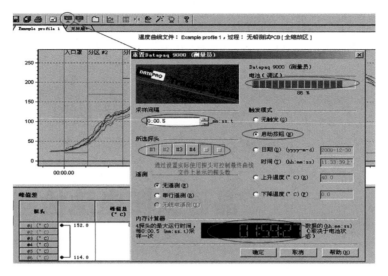

图 7-28 重置操作

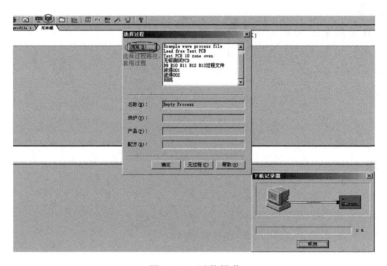

图 7-29 下载操作

思考题

1. 说出铝和硅材料的烧结方法。
2. 简述烧结工艺流程。
3. 简述典型烧结炉设备的组成。
4. 铝、银与硅材料的融合温度是什么？
5. 简述烧结温度曲线的测试方法。

模块 8

晶硅太阳电池检测与包装

知识目标

① 掌握晶硅太阳电池外观检测方法。
② 掌握晶硅太阳电池的电性能参数。
③ 掌握标准片的校准。
④ 掌握测试分选监控标准。
⑤ 掌握包装入库流程。

技能目标

① 能够对晶硅太阳电池进行性能检测分析
② 能够完成重复性和差异性测试。
③ 能够按客户要求进行太阳电池的打包操作。

8.1 晶硅太阳电池检测

8.1.1 晶硅太阳电池外观检测

（1）工具、材料
塞尺、千分尺、游标卡尺、拉力计、涂锡带、小刀、助焊剂、电烙铁、水平台。

（2）作业前准备
检验前，参与人员必须正确佩戴手套（内戴汗布手套、外戴 PVC 手套）、口罩。

（3）检验过程
① 电性能测试前的检验由生产人员负责，流程如下。
a. 按照检验标准抽检电池片正背面的外观，如果连续出现 5 片同类缺陷的 B、C 级电池

片,立即通知相关人员。

b.检查电池片弯曲程度,发现弯曲片时,把电池片放在平台上,用塞尺测量弯曲度,如果弯曲度超出 A 级片标准,则将其取出(OEM 电池片不需要取出),并分类放置、分批次统计数据、分批次放置统一处理。如果连续出现 5 片超标的弯曲片,立即通知相关人员。

c.挑出碎片和隐裂片并按批次分类放置,如果连续出现 5 片,立即通知相关人员。

② 电性能测试后的外观全检由生产人员负责,流程如下。

a.将电池片叠在一起,对齐电池片,检查电池尺寸是否一致。如果不一致,取出偏大或偏小的电池片,用游标卡尺测量,然后根据检验标准判定。

b.将电池片叠在一起,检查叠电池片侧面有无崩边、缺口等问题。

c.将电池片叠在一起,竖起来,从侧面拨开,清点数目是否为 100 片,如图 8-1 所示。

d.从 100 片电池片取一半进行外观分选(图 8-2),另一半放入泡沫盒内待检。

图 8-1 清点数目

图 8-2 外观分选

e.将整叠电池片竖起,轻轻拨开,避免横向摩擦,逐片拿起电池片一边的中间(绝对不能拿电池片的一角),距眼睛 30~50cm 距离观察,翻看正反两面,如图 8-3 所示。当一片电池片中有数种缺陷时,以最严重的缺陷项目作为判定依据。

图 8-3 外观检测

f.根据检验结果,将电池片放入泡沫盒中标有该等级标识的槽内,如图 8-4 所示。

g.每 100 片检验完成后核对实物数量,并做好记录,如图 8-5 所示。

图 8-4 电池片分类

图 8-5 数量记录

h.每个等级满 50 片需统一放到一个固定区域，并做好标识。当区域内的片子总数达到 1000 片时，将电池片送至 OQC 待检区域，如图 8-6 所示。

i.将每个挡位的 C 级片放在一起，统一包装并统计数量；交接班前 1 小时，工序长对各线生产人员挑出的 C 级片进行再次确认。

j.送检不合格被 OQC 退回的电池片，生产部外观检验人员需要重新检验。

k.各批次要单独外观检验，不得混批。

图 8-6　电池片送至 OQC 待检区

③ 全检后的抽检由品质人员负责，流程如下。

a.按照小包数量抽样、判定，抽检规则为：一般检验的 I 水平；接收质量限为：AQL2.5。

b.品质人员随机对包装前和包装后的电池片抽样，对所抽样品按照外观检验标准进行全检。当一包内的错误超出 4 处时，该包不合格。

c.一包内有一片（不管是否为同一不合格项）不符合该包等级，则算作一处错误；电池片数量不对算作一处错误。

d.各次被抽样的批与批之间不得有小包重复。

e.抽样不符合要求时，则被抽样的一整批电池片都需要重新全检。全检后再次抽样，直到合格为止。

表 8-1 为抽样与判定标准。

表 8-1　抽样及判定标准

小包数量	抽样数量	接收质量限	
		接收	拒收
2～8	2	0	1
9～15	2	0	1
16～25	3	0	1
26～50	5	0	1
51～90	5	0	1
91～150	8	0	1
151～280	13	1	2
281～500	20	1	2
501～1200	32	2	3
1201～3200	50	3	4

（4）弯曲降级片包装处理

对于背电场印刷基本均匀，按标准被定为弯曲片的电池片，由测试前检验的生产人员按批次统一用瓦楞板压平后塑封包装，交班前统一入库。放置到月底统一测试（注：每片电池片最少要封装 10 天后才能拆开测试，对于月下旬即 21 号及其以后生产的弯曲电池片可以放于下个月上旬测试。OEM 电池片在外观检验后直接按照等级和档位包装，不做压平处理）。测试前由物流单独开一个批次，若电池片弯曲度已经符合 A、B 级标准，则按 A、B 级片包装；若仍不在合格范围，则按 C 级片包装。

（5）碎片的包装处理

① 碎片分为面积小于 1/2、面积大于 1/2 且小于 3/4 和面积大于 3/4 三类。

② 碎片按照以上三种面积分类包装入库，入库前不可再次人为搞碎。

③ 超出 C 级范围的缺损片，根据其缺损大小，按照碎片处理。

④ 各批次碎片分开放置、分批次入库，不得混批。

（6）印刷不良电池片的包装处理

① 背场铝刺用小刀刮掉，露出合金区域的，算作背电场的漏印，根据漏印标准检验分级。

② 主栅线与背电极印刷方向垂直的，直接定义为碎片。

（7）电极附着力检验

由品质部从上班开始每 2h 取烧结后的碎片进行测试。将一根长 50mm、宽 1.5mm、厚 0.2mm 的涂锡带，一端焊接在电池受光面的主栅线上（此碎片为离测试时间点最近的碎片），焊点为 $1.5×4mm^2$，在与焊接面成 45°角方向对焊锡条施加拉力，在 10s 内逐渐加力至 2.5N 不脱落。如果发现不合格现象，则取线上当时产生的外观不良品进行拉力测试，如果合格，则不再测试；如果仍不合格，则立即通知工艺人员解决。

8.1.2　晶硅太阳电池电学性能的测试

（1）测试分选的标准条件

辐照度：$1000W/m^2$；

温度：25℃；

AM（air mass）：1.5。

（2）测试电池性能参数

① 开路电压　在某特定的温度和辐射度下，光伏发电器在无负载（即开路）状态下的端电压。与光强、温度有关。

② 短路电流　在某特定温度和辐射度条件下，光伏发电器在短路状态下的输出电流。与电池面积、光强、温度有关。

③ 最大功率点　在太阳电池的伏安特性曲线上对应最大功率的点，又称最佳工作点。

④ 最佳工作电压　太阳电池伏安特性曲线上最大功率点所对应的电压。通常用 V_m 表示。

⑤ 最佳工作电流　太阳电池伏安特性曲线上最大功率点所对应的电流。通常用 I_m 表示。

⑥ 转换效率　受光照太阳电池的最大功率与入射到该太阳电池上的全部辐射功率的百分比，$\eta = V_m I_m / A_t P_{in}$。其中，$V_m$ 和 I_m 分别为最大输出功率点的电压和电流，A_t 为太阳电池的总面积，P_{in} 为单位面积太阳入射光的功率。

⑦ 填充因子　太阳电池的最大功率与开路电压和短路电流乘积之比，通常用 FF 表示：$FF = I_m V_m / I_{sc} V_{oc}$。$I_{sc} V_{oc}$ 是太阳电池的极限输出功率，$I_m V_m$ 是太阳电池的最大输出功率，填充因子是表征太阳电池性能优劣的一个重要参数。

⑧ 电流温度系数　在规定的试验条件下，被测太阳电池温度每变化 1℃太阳电池短路电流的变化值，通常用 α 表示。对于一般晶体硅电池，$\alpha = +0.1\%/℃$。

⑨ 电压温度系数　在规定的试验条件下，被测太阳电池温度每变化1℃太阳电池开路电压的变化值，通常用 β 表示。对于一般晶体硅电池，$\beta=-0.38\%/℃$。

⑩ 串联电阻（图8-7）

$$R_{s}=r_{mf}+r_{c1}+r_{t}+r_{b}+r_{c2}+r_{mb}$$

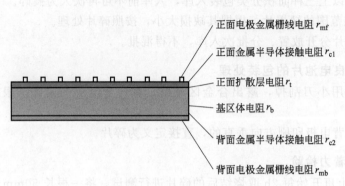

正面电极金属栅线电阻 r_{mf}

正面金属半导体接触电阻 r_{c1}

正面扩散层电阻 r_{t}

基区体电阻 r_{b}

背面金属半导体接触电阻 r_{c2}

背面电极金属栅线电阻 r_{mb}

图8-7　电池片串联电阻

⑪ 并联电阻　指太阳电池内部的、跨连在电池两端的等效电阻。并联电阻小可能由于：

a. 边缘漏电（刻蚀未完全、印刷漏浆）；

b. 体内杂质和微观缺陷；

c. PN结局部短路（扩散结过浅、制绒角锥体颗粒过大）。

8.1.3　156多晶硅电池片产品规范

(1) 定义

① 钝形缺口　呈现为沿边缘平缓过渡，并不向中心深入的状态。

② V形缺口　呈现为向中心尖锐深入的形状，类似字母"V"。

③ 电池隐性裂纹　肉眼不可见，但用其他检测技术可使其显现具有一定尺寸的裂纹。

(2) 内容

① 设计和结构

a. 电池硅片　电池硅片选择符合 SEMI M6 要求的多晶硅片。

b. 电极

(a) 电极覆盖面积、电极图形完整性、电极图形尺寸及形状，应符合产品设计规定（图8-8和图8-9）。

(b) 正、负电极偏移均需不大于 0.5mm，角度偏差不大于 0.3°。

(c) 正面细栅断线不超过 1mm，一根上不应有连续 2 处，总数不多于 2 处；断线小于 0.5mm，不做断线处理；细栅节点宽度不超过 0.5mm，数量不多于 3 处。

(d) 电极应具有良好的可焊性，且表面无变色现象。

c. 铝背场

(a) 铝背场与电池硅片具有一定的附着强度，无脱落现象。

(b) 铝背场材料应与电池硅片的热膨胀系数相匹配。

(c) 铝背场的外观：铝背场凸起高度不大于 0.05mm，铝膜应图形完整，铝膜的形状、图形位移应符合产品设计规定。

② 尺寸

a. 基本尺寸　包括四主栅电池片（图 8-8）和五主栅电池片（图 8-9）。

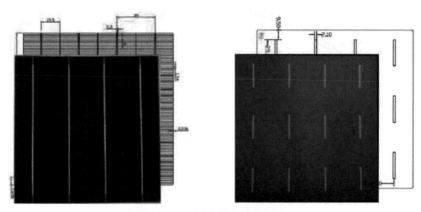

图 8-8　四主栅电池片图

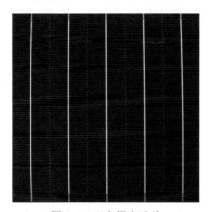

图 8-9　五主栅电池片

b. 主要参数

（a）外观尺寸　156mm×156mm±0.5mm。

（b）厚度（Si）　160μm±20μm。

（c）正面负电极　1.9mm 银栅线（两主栅电池片）或 1.5mm 银栅线（三主栅电池片）；背面正电极：3mm 银背极。

c. 外观　电池片的外观应符合以下要求：

（a）电池的颜色应均匀一致，无水痕、手印等外观缺陷，电池间无明显的色差；

（b）电池上不应存在肉眼可见的空洞、裂纹及 V 形缺口；

（c）同一电池上出现的崩边、钝形缺口不应该超过 2 个，且外形缺陷的长度不大于 1.5mm，由边缘向中心的深度应不大于 0.5mm。

③ 力学性能

a. 弯曲变形　对于 200μm 厚的电池片的弯曲量不大于 2mm，对于 180μm 厚的电池片的弯曲量不大于 2.5mm（图 8-10）。

b. 电极附着强度及电极与焊点的抗拉强度　电极附着应牢固，焊接后电极与焊点应结合牢固，电极不应从基体材料上脱落，电极与焊点之间不应脱离。

c. 电池隐性裂纹　电池体内不应有影响电池性能的隐性裂纹。

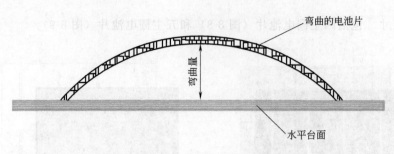

图 8-10　电池片弯曲变形

④ 电性能

a. 电性能参数

（a）两主栅电池片电性能参数（表 8-2）

表 8-2　两主栅电池性能参数

型号	$E_{\text{ff}}/\%$	P_{mpp}/W	V_{mpp}/V	I_{mpp}/A	V_{oc}/V	I_{sc}	I_{rev1}/A
156P220-2B-B4	16.60～16.80	4.05	0.523	7.750	0.623	8.264	0.05
156P220-2B-B3	16.40～16.60	4.01	0.522	7.676	0.622	8.217	0.06
156P220-2B-B2	16.20～16.40	3.97	0.52	7.635	0.621	8.15	0.08
156P220-2B-B1	16.00～16.20	3.91	0.516	7.576	0.619	8.089	0.09
156P220-2B-C5	15.80～16.00	3.88	0.514	7.558	0.617	8.021	0.1
156P220-2B-C4	15.60～15.80	3.82	0.511	7.484	0.615	7.955	0.12
156P220-2B-C3	15.40～15.60	3.79	0.51	7.427	0.613	7.891	0.15
156P220-2B-C2	15.20～15.40	3.74	0.51	7.336	0.61	7.835	0.17
156P220-2B-C1	15.00～15.20	3.69	0.508	7.269	0.609	7.8	0.19
156P220-2B-D4	14.75～15.00	3.63	0.504	7.201	0.606	7.708	0.21
156P220-2B-D3	14.50～14.75	3.58	0.501	7.147	0.605	7.663	0.24
156P220-2B-D2	14.25～14.50	3.52	0.496	7.096	0.602	7.592	0.26
156P220-2B-D1	14.00～14.25	3.46	0.491	7.044	0.599	7.531	0.28

（b）三主栅电池片电性能参数（表 8-3）

表 8-3　三主栅电池性能参数

型号	$E_{\text{ff}}/\%$	P_{mpp}/W	V_{mpp}/V	I_{mpp}/A	V_{oc}/V	I_{sc}	I_{rev1}/A
156P220-3B-B4	16.60～16.80	4.04	0.523	7.725	0.623	8.264	0.05
156P220-3B-B3	16.40～16.60	4.01	0.522	7.682	0.622	8.217	0.06
156P220-3B-B2	16.20～16.40	3.97	0.520	7.635	0.621	8.150	0.08
156P220-3B-B1	16.00～16.20	3.92	0.518	7.568	0.619	8.089	0.09
156P220-3B-C5	15.80～16.00	3.87	0.516	7.500	0.617	8.021	0.10
156P220-3B-C4	15.60～15.80	3.82	0.513	7.446	0.615	7.955	0.12
156P220-3B-C3	15.40～15.60	3.77	0.511	7.378	0.612	7.891	0.15

续表

型号	E_{ff}/%	P_{mpp}/W	V_{mpp}/V	I_{mpp}/A	V_{oc}/V	I_{sc}	I_{rev1}/A
156P220-3B-C2	15.20~15.40	3.73	0.509	7.328	0.610	7.835	0.17
156P220-3B-C1	15.00~15.20	3.67	0.507	7.239	0.608	7.763	0.19
156P220-3B-D4	14.75~15.00	3.61	0.504	7.163	0.606	7.706	0.21
156P220-3B-D3	14.50~14.75	3.55	0.501	7.086	0.603	7.637	0.24
156P220-3B-D2	14.25~14.50	3.49	0.498	7.008	0.601	7.572	0.26
156P220-3B-D1	14.00~14.25	3.43	0.496	6.915	0.598	7.498	0.28

b. 电池片 I-V 特性曲线

（a）两主栅电池片 I-V 特性曲线（图 8-11）

（b）三主栅电池片 I-V 特性曲线（图 8-12）

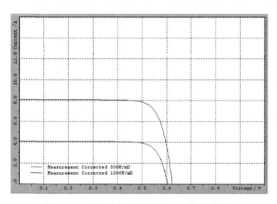

图 8-11　两主栅电池片 I-V 特性曲线

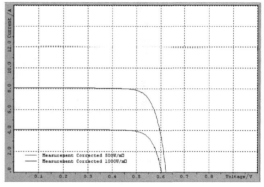

图 8-12　三主栅电池片 I-V 特性曲线

c. 电性能参数温度系数

（a）两主栅电池片温度系数

- 开路电压温度系数：$-0.349\%/K$
- 短路电流温度系数：$-0.033\%/K$
- 最大功率温度系数：$-0.44\%/K$

（b）三主栅电池片温度系数

- 开路电压温度系数：$-0.352\%/K$
- 短路电流温度系数：$-0.034\%/K$
- 最大功率温度系数：$-0.46\%/K$

8.2　晶硅太阳电池测试分选

测试分选是对前道工序产出的成品电池片在测试仪器上进行测试，得出每一片电池片的电性能数据，同时设备根据规定的标准对电池片进行分挡。通过本任务的学习，不仅能够了解测试分选所用设备，熟练掌握设备的使用方法，而且能够对晶硅太阳电池进行有效的质量监控。

(1) 生产前准备

① 物料准备　保证口罩与 PVC 手套佩戴整齐，手套戴法为：外层 PVC 手套，内层棉布手套。

② 标准片校准

a. 确认标准片型号　生产多晶电池片用相同规格多晶片的标准工作片校验。

b. 标准片定位

（a）点击启动按钮，激活"暂停"状态（图 8-13）。

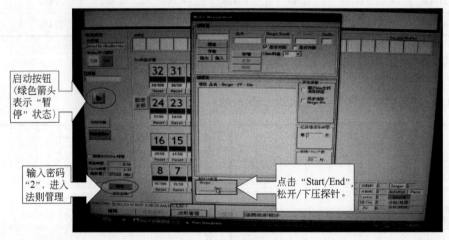

图 8-13　手动操作界面

（b）进入法则管理，点击"Start"按钮，探针上升（图 8-14）。

（c）测试探针上升后，将标片电池片放置于测试台探针位置（图 8-14），重新按动"End"，可松开探针夹具（图 8-13）。

（d）在探针松开状态下，选择探针上下压紧按钮，目的是使探针压于标准电池片的正面主电极上。仔细检查探针是否正好压在电池片的主电极上（图 8-15），如果有偏移，可再次按探针上下动作按钮使探针抬起，调整好电池片后再下压探针。

图 8-14　探针上升（手动放置标片）

图 8-15　探针下压（固定标片位置）

c. 校准　采用短路电流 I_{sc} 校准，具体操作如下。

（a）动态测试。每班采用动态测试的方式对测试进行检测。在自动条件下自动测试 3 次，转换效率 E_{ff} 平均值与标准转换效率比较相差不超过 $\pm 0.05\%$，I_{sc} 平均值与标准短路电流值相差不超过 $\pm 0.010A$。否则按（b）步骤要求手动静态校准。

（b）静态校准。点击软件测试界面 PAUSE 按钮，出现图 8-16 所示界面。点击菜单项中的绿色测试按钮（绿色按钮表示手动测试不存储数据到数据库），闪光后首先关闭反向电压，然后点击黄色测试按钮（黄色按钮表示手动测试并存储数据），出现对话框如图 8-16（a）所示；点击 Monitor Cell 右侧的按钮，出现对话框如图 8-16（b）所示；点击 Edit 按钮，出现对话框如图 8-16（c）所示；点击"Calibrate"按钮，出现对话框如图 8-16（d）所示，在其中的 SCLoad-STD 对话框中按"确定"按钮，出现对话框如图 8-16（e）所示。在 Calibrate Monitor Cell 对话框中输入标片标定的标准短路电流值，按"OK"按钮，进入图 8-16 所示界面后，点击菜单项中的绿色或黄色自动测试按钮，进行重新测试。如果自测试超过 3 次 I_{sc} 与标准电流相差 ±0.001 A 以上，重新输入标准短路电流值 I_{sc} 并重新进行自动测试，直到测试值与标准值偏差在 ±0.001 A 以内，校验合格，否则重复上述步骤直至测试值与标准值相差到规定误差范围内。手动静态校准完成后，按（a）步骤操作以确认校准结果。

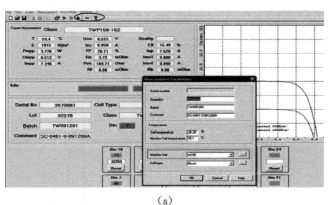

(a)

(b)

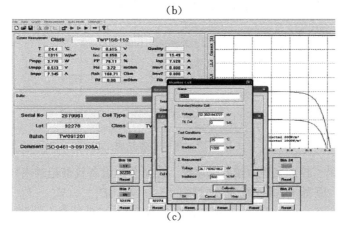

(c)

图 8-16

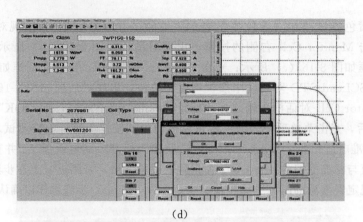

(d)

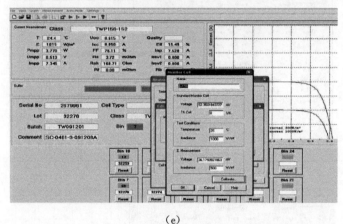

(e)

图 8-16　校准界面

注：当 E 值达不到要求（$950 \sim 1050\mathrm{W/m}^2$），可通过调整 Flasher 值来调整。单击 Flasher，出现对话框（图 8-17），调节相对强度。若 Flasher 值达到 95％，E 值仍达不到下限（$950\mathrm{W/m}^2$）要求，应通知设备人员。

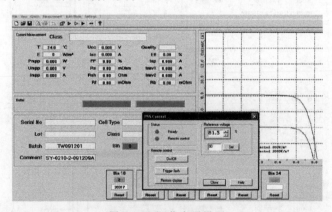

图 8-17　调节光强界面

d. 填写校准记录　校准完毕，按要求填写《测试分选设备校准记录表》，记录中包括日期、班次、标片编号、原始电流、校准数据（T_{emp}、E、P_{mpp}、V_{oc}、I_{sc}、R_{s}、R_{sh}、FF 和 NCell）、动态测试（第一次、第二次和第三次测试数据）、当班品管人员和当班工艺人员签名。

e. 标准电池片的保管　校准完毕后，将标准电池片包装好交由品管部，存放在丝印车间氮气柜里。每个标准电池片有效使用周期最长为 6 天，6 天后，要更换新的标准电池片（特殊情况在品管人员和工艺人员的共同确认下，启用新的标准电池片）。

f.校准后状态的恢复　校准后，将调节开关状态恢复为自动测试状态，并可进行正常电池片的测试。

③ 重复性和差异性测试　标准片校验完毕后，第一时间对测试台进行线内重复性测试和线间差异性测试。

a.重复性　测试方法：取生产线分布最广挡位的成品电池片 10 片，在同一测试台按顺序连续测试 3 次，3 次平均效率的测试结果相差在 0.03% 以内，视为符合要求，若大于或等于 0.03%，通知设备和工艺人员解决。

b.差异性　测试方法：取生产线分布最广挡位的成品电池片 10 片，在所有生产线的测试台进行连续测试 3 次。所有测试台测试该 10 片电池片平均效率之间的差异（最高平均效率和最低平均效率之差）在 0.08% 以内视为符合要求，若大于或等于 0.08%，通知设备和工艺人员进行解决。

④ 分挡文件的设置　在图 8-18 界面菜单栏 Settings 的下拉菜单中选择 Classification 下的 Open，在 DB 目录对话框（图 8-19）中选中需要加载的文件，点击"Open"完成加载。选择图 8-18 界面中 Classification 下的 Edit，可以打开并编辑文件的分挡方式。核对当前加载的分挡方式是否与要求的分挡方式一致，若不一致重新加载正确的分挡方式，确认正确后点击 Cancel 按钮退出。如果加载的分挡文件不正确，反馈给工艺人员进行调整。图 8-20 为 M156 电池片的正常分挡标准。

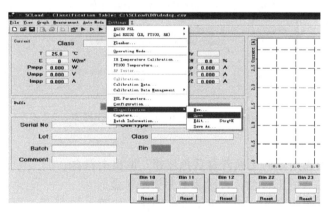

图 8-18　分挡文件的加载界面

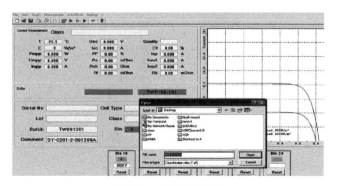

图 8-19　DB 目录界面

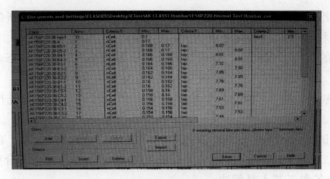

图 8-20　电池片的正常分挡标准界面

(2) 生产

① 上料

a. 自动上料　点击如图 8-21 "IV Tester&Sorter" 界面上的 "烧结炉收料"，烧结炉流出电池片经过机械手自动流入测试分选工序（图 8-22）。

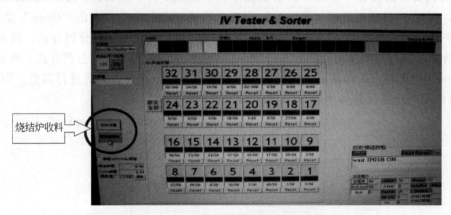

图 8-21　IV Tester&Sorter 操作界面

b. 手动上料

（a）按设备上料盒附近的更换料盒黄色按钮，取出上料盒。

（b）把电池片装入到上料盒，再次装上并锁定料盒。

（c）点上料黄色按钮设备，开始正常生产操作，如图 8-23 所示。

图 8-22　烧结炉收料

图 8-23　上料盒操作台

② 测试

a. 测试条件　光强 $1000\pm50W/m^2$；温度 $25℃\pm2℃$；相对湿度 $30\%\sim60\%$。

b. 填写生产信息　批次更换时，点击 PAUSE 按钮暂停测试，修改图 8-24 所示界面上

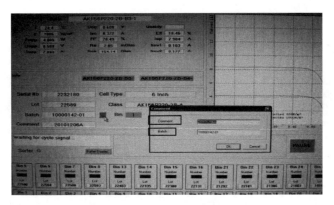

图 8-24 生产信息修改界面图

的 Batch、Comment、Operator。Comment 的填写格式为:测试日期＋班次,如 20101119B;Operator 为测试台操作人员姓名;根据使用部门的不同,Batch 分成 3 种。

生产部

(a) 正常生产批格式为:订单号＋流水号,如 10000099-01。

(b) 丝印返工片格式为:订单号＋SYFG,如 10000099-SYFG。

(c) G 挡位重测格式为:G＋订单号,如 G-10000099。

(d) TRASH 挡重测格式随正常生产批次正常测试,不再另改批号。

(e) 其他挡位重测格式为:挡位＋订单号,如 A-10000099。

品管部

(a) 重复性/差异性格式为:QC＋流水号单,如 QC-01。

(b) 校准格式为:QC＋JZ(校准),如 QC-JZ。

工艺部

工艺试验片格式为:订单号＋PE＋流水号,如 10000099-PE01。

(a) 建立数据库。每天新建一个 Access 数据库,并保存在指定路径。例如,为生产 4 线建立一个新的数据库,命名为 4-20101127,并保存在路径 C:\ Scload \ DB \ 4-201011。其中,"4"表示生产线编号,"yymmdd"表示测试日期。如图 8-25 所示。

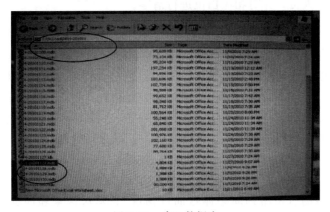

图 8-25 建立数据库

(b) 导入数据库。选择测试界面菜单栏中的"setting",然后选择"configuration"。在弹出的 configuration 对话框中选择"database",出现图 8-26 所示的对话框。在 database 下方选择"browse"浏览选择出适当的数据库。

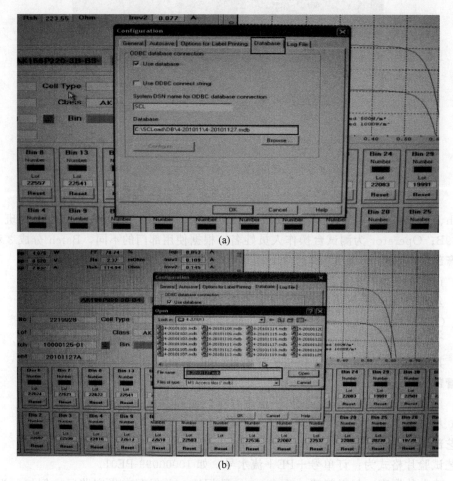

(a)

(b)

图 8-26 导入数据库界面

③ 下料 根据测试分挡标准，经测试后的电池片自动分挡。相应挡位盒子满后，取出电池片流给外观分选人员，并对相应挡位进行清零。

(3) 监控

① 印刷质量监控 根据《多晶电池片外观检验标准》，烧结后检验人员须随时监控从烧结炉流出的成品电池片的印刷质量。正面：膜的颜色是否均匀，正面电极印刷是否有偏移、断栅、结点、漏浆、虚印等印刷问题；背面：是否有铝包、铝珠，颜色是否一致，厚度是否一致，背场和背电极是否偏移；边缘：是否有漏浆等。如果连续发现超过 5 片电池片存在印刷质量问题，及时通知丝网印刷操作人员停止印刷，并进行处理后再生产，不能及时解决时通知工艺人员处理。

② 弯曲度监控

a. 监控方法 目测（粗略判断整体弯曲度情况）、塞尺检查翘曲度（准确测量最大弯曲度）。

b. 弯曲度标准 参考《多晶电池片外观检验标准》。

c. 监控频率 随时目测关注整体弯曲度情况。如果连续 10 片目测感觉弯曲度较大，使用塞尺测量最大弯曲度。若弯曲度超标，则立即通知工艺人员处理。

③ 电性能监控　正常生产条件下，测试台数据记录员工须对生产过程电池片电性能进行实时关注。若发现存在以下几种情况，立即通知工艺人员：

a. 每小时不合格片（G挡或漏电挡）统计超过5片时；

b. 连续3个小时平均效率呈下降趋势时；

c. 整体电池片挡位分布低于正常效率1~2个挡位时；

d. 测试台数据记录人员至少每1h计算一次电性能数据，如果电性能参数异常时，应立即通知当班工艺人员。

（4）工艺纪律

① 不得随意修改任何设备参数及工艺参数。

② 员工需对电池片的外观及电性能进行实时监控，确保产品质量。

③ 若烧结炉报警，测试分选工序立即截留烧结炉报警后生产的电池片，并通知工艺、设备人员。

④ 生产过程中，严禁员工打闹嬉戏；员工须严格遵从车间劳动纪律及工艺卫生要求。

⑤ 保持生产设备和工装夹具的工艺卫生。

（5）安全及注意事项

① 测试时不要直视氙灯灯光。

② 不得佩戴手链、项链等链状物或金属饰品。

③ 不得随意触摸活动（电机、抓手等）及带电（传导线）、加热（烧结炉、烘箱）部件。

④ 一般情况下操作人员在操作机台时，他人不可随意触动设备按钮，防止危险。

⑤ 遇到火警、特气报警等应立即有序撤离，待收到通知后方可进入车间。

【相关知识】

（1）太阳模拟器

太阳电池是将太阳能转变成电能的半导体器件，从应用和研究的角度来考虑，其光电转换效率、输出伏安特性曲线及参数是必须测量的，而这种测量必须在规定的标准太阳光下进行才有参考意义。如果测试光源的特性和太阳光相差很远，则测得的数据不能代表它在太阳光下使用时的真实情况，甚至也无法换算到真实的情况，考虑到太阳光本身随时间、地点而变化，因此必须规定一种标准阳光条件，才能使测量结果既能彼此进行相对比较，又能根据标准阳光下的测试数据，估算出实际应用时太阳电池的性能参数。

① 太阳辐射的基本特性　发光强度（I，Intensity）是描述太阳辐射基本特性参数之一，指光源在给定方向的单位立体角中发射的光通量，定义为光源在该方向的（发）光强（度），单位坎德拉（cd）。发光强度是针对点光源而言的，或者发光体的大小与照射距离相比比较小的场合。这个量是表明发光体在空间发射的会聚能力的。可以说，发光强度描述了光源到底有多"亮"，因为它是光功率与会聚能力的一个共同的描述。发光强度越大，光源看起来就越亮，同时在相同条件下被该光源照射后的物体也就越亮，因此，早些时候描述手电都用这个参数。现在LED也用这个单位来描述。

之所以用发光强度来表示手电或LED，是因为在相同距离下，被照射地的照度与之成正比。但是，很多场合下，需要照射面积大一些，所以只用发光强度这一特性还不能全面反映手电的能力。比如，同样的筒身，换个大头（大反光杯），则 I 值马上增大许多。因此，很多情况下用光通量（单位流明）来表示手电。以上说的"亮"和"亮度"，是常规说的亮度，并非光度学严格意义上的亮度。

光通量（F，Flux）即光源在单位时间内发射出的光量，称为光源的发光通量，单位流明，即 lm。同样，这个量是对光源而言，是描述光源发光总量大小的，与光功率等价。光源的光通量越大，则发出的光线越多，对于各向同性的光（即光源的光线向四面八方以相同的密度发射），则 $F=4\pi I$。也就是说，若光源的 I 为 1cd，则总光通量为 $4\pi=12.56$lm。与力学的单位比较，光通量相当于压力，而发光强度相当于压强。要想被照射点看起来更亮，不仅要提高光通量，而且要增大会聚的手段，实际上就是减少面积，这样才能得到更大的强度。

光通量也是人为量，因为这种定义完全是根据人眼对光的响应而来的。人眼对不同颜色的光的感觉是不同的，此感觉决定了光通量与光功率的换算关系。对于人眼最敏感的 555nm 的黄绿光，1W 相当于 683 lm，也就是说，1W 的功率全部转换成波长为 555nm 的光，为 683lm。这个是最大的光转换效率，也是定标值，因为人眼对 555nm 的光最敏感。对于其他颜色的光，比如 650nm 的红色，1W 的光仅相当于 73lm，这是因为人眼对红光不敏感的原因。对于白色光，要看情况了，因为很多不同的光谱结构的光都是白色的。例如 LED 的白光、电视上的白光以及日光就差别很大，光谱不同。

光照度（E，Illuminance）即 1lm 的光通量均匀分布在 $1m^2$ 表面上所产生的光照度，单位勒克斯，即 lx（以前叫 lux）。光照度是对被照地点而言的，与被照射物体无关。1lm 的光，均匀射到 $1m^2$ 的物体上，照度就是 1 lx。照度的测量，用照度表，或者叫勒克斯表、lux 表。事实上，照度是最容易测量的（相对其他 3 个量），照度表很便宜就可以买到（几百元）。为了保护眼睛，在不同场所下用多大的照度是有规定的，例如机房不得低于 200 lx。阳光下的照度是自然界里面很大的，为 11 万勒克斯左右。

光谱辐照度是指用辐照度来衡量某个与光源有特定距离的虚拟表面上的光通量密度（如 mW/cm^2）。对空间应用，规定的标准辐照度为 $1367W/m^2$（另一种较早的标准规定为 $1353W/m^2$），对地面应用，规定的标准辐照度为 $1000W/m^2$。实际上地面阳光和很多复杂因素有关，这一数值仅在特定的时间及理想的气候和地理条件下才能获得。地面上比较常见的辐射照度是在 $600\sim900W/m^2$ 范围内。除了辐照度数值范围以外，太阳辐射的特点之一是其均匀性，这种均匀性保证了同一太阳电池方阵上各点的辐照度相同。

② 光谱分布　太阳电池对不同波长的光具有不同的响应，就是说辐照度相同而光谱成分不同的光照射到同一太阳电池上，其效果是不同的。太阳光是各种波长的复合光，它所含的光谱成分组成光谱分布曲线，而且其光谱分布也随地点、时间及其他条件的差异而不同，在大气层外情况很单纯，太阳光谱几乎相当于 6000K 的黑体辐射光谱，称为 AM0 光谱。在地面上，由于太阳光透过大气层后被吸收掉一部分，这种吸收和大气层的厚度及组成有关，因此是选择性吸收，结果导致非常复杂的光谱分布。而且随着太阳天顶角的变化，阳光透射的途径不同，吸收情况也不同，地面阳光的光谱随时都在变化。因此从测试的角度来考虑，需要规定一个标准的地面太阳光谱分布。目前国内外的标准都规定，在晴朗的气候条件下，当太阳透过大气层到达地面所经过的路程为大气层厚度的 1.5 倍时，其光谱为标准地面太阳光谱，简称 AM1.5 标准太阳光谱。此时太阳的天顶角为 48.19°。图 8-27 为太阳光谱分布，图 8-28 为太阳辐射光谱。

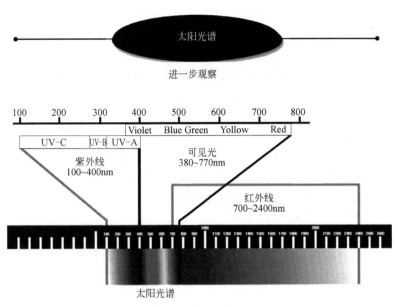

图 8-27 太阳光谱分布

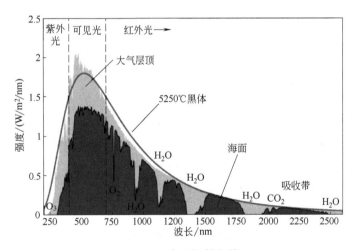

图 8-28 太阳辐射光谱

在大气层外，太阳光在真空中辐射，没有任何漫射现象，全部太阳辐射都直接从太阳照射过来。地面上的情况则不同，一部分太阳光直接从太阳照射下来，而另一部分则来自大气层或周围环境的散射，前者称为直接辐射，后者称为天空辐射，两部分合起来称为总辐射。在正常的大气条件下，直接辐射占总辐射的 75% 以上，否则就是大气条件不正常所致，例如由于云层反射或严重的大气污染所致。

辐照稳定性指天气晴朗时，阳光辐照非常稳定，仅随高度角而缓慢地变化。当天空有浮云或严重的气流影响时，才会产生不稳定现象，这种气候条件不适宜于测量太阳电池，否则会得到不确定的结果。

③ 太阳模拟器 稳态太阳模拟器是在工作时输出辐照度稳定不变的太阳模拟器，它的

优点是能提供连续照射的标准太阳光，使测量工作能从容不迫地进行；缺点是为了获得较大的辐照面积，它的光学系统以及光源的供电系统非常庞大，因此比较适合于制造小面积太阳模拟器。

脉冲式太阳模拟器在工作时并不连续发光，只在很短的时间内（通常是毫秒量级以下）以脉冲形式发光。其优点是瞬间功率可以很大，而平均功率却很小。其缺点是由于测试工作在极短的时间内进行，因此数据采集系统相当复杂。在大面积太阳电池组件测量时，目前一般都采用脉冲式太阳模拟器，用计算机进行数据采集和处理。

④ 测试分选

a. 测试分选的基础是太阳电池片在一定温度下接受一定的辐照度的太阳光照射。在接受照射的同时变化外电路负载，测出负载的电流 I 和电池端电压 V 的数据和关系曲线，根据数据和曲线由计算机软件系统计算出各种电性能参数。

b. 测试分选的目的　通过模拟太阳光照射，在标准条件下对电池片进行测试，把不同电性能的电池片分挡。

太阳电池分选机专门用于太阳单晶硅和多晶硅电池片的分选筛选。通过模拟太阳光谱光源，对电池片的相关电参数进行测量，根据测量结果将电池片进行分类。独有的校正装置，输入补偿参数，进行自动/手动温度补偿和光强度补偿，具备自动测温与温度修正功能，主要用于单晶硅和多晶硅太阳电池的电性能参数的分选和结果记录。图 8-29 为太阳电池测试分选系统。

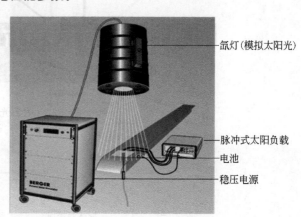

氙灯(模拟太阳光)

脉冲式太阳负载
电池
稳压电源

图 8-29　太阳电池测试分选系统

设备的组成部件有以下几个部分：太阳模拟器，模拟正午太阳光，照射待测电池片，通过测试电路获取待测电池片的性能指标；电子负载，连接待测电池片、标准电池和温度探头，获取待测电池片的电压、电流；通过标准电池获取光强信号；通过温度探头获取测试环境温度，并将这四组数据提供给采集卡做分析、处理。

(2) 影响电池片性能参数的因素

① 发光强度　I_{sc} 与发光强度成正比，而 V_{oc} 的变化与发光强度成对数关系，如图 8-30 所示。其原因是当辐射度改变，则进入太阳电池的光子数目改变，相应激发的电子数目就改变。

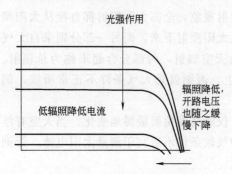

光强作用

辐照降低，开路电压也随之缓慢下降

低辐照降低电流

图 8-30　发光强度对电池的影响

② 温度　电池温度升高，开路电压减小，短路电流有轻微的上升；电压的变化与电池温度呈线性比例关系，如图 8-31 所示。一般情况下电池温度对 V_{oc} 的影响：$-2.4\text{mV}/℃$/串联电池；对 I_{sc} 的影响：$+15\sim20\mu\text{A}/\text{cm}^2/℃$；对 P_{max} 的影响：$-0.45\%/℃$。

③ 光谱分布　太阳电池的能量来源是太阳光，因此太阳光的强度与光谱就决定了太阳电池的输出功率。有关太阳光的强度与光谱，可以用光谱

照度来表示，也就是每单位波长每单位面积的光照功率，单位为 $W/m^2 \cdot \mu m$，而太阳光的强度则为所有波长之光谱照度的总和，单位 W/m^2。光谱照度与测量位置及太阳相对于地表的角度有关，这是因为太阳光在抵达地面之前，会经过大气层的吸收和散射。位置与角度这两项因素，一般是以所谓的空气质量来表示。例如，AM1 代表着地表上太阳正射的情况，此状态下的光强度为 $925W/m^2$；而 AM1.5 则代表在地表上太阳以 41.3°角入射的情况，此状态下的光强度

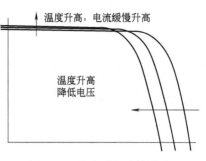

图 8-31 温度对电池的影响

为 $844W/m^2$。一般 AM1.5 被用来代表地表上太阳的平均照度。

（3）影响太阳电池片效率的因素

① 反射损失 由于部分的太阳光源会自材料的表面反射掉，因而转换效率会损失，因此寻求降低光线反射的方法，将有助于提升效率。

② 表面再复合损失 由光产生的电子-空穴对，可能会在表面产生再复合现象（也就是电子又填回空穴的位置），因此产生的电流变小了。这样的损失就称为表面再复合损失。

③ 内部再复合损失 如果由光产生的电子，由于太阳电池材料内部的缺陷而发生再复合损失，就称为内部再复合损失。

④ 串联电阻损失 太阳电池内部或电路的电阻，会使得通过的电流产生焦耳热之串联电阻损失。

⑤ 电压因子损失 因光线而产生的载子，在 p-n 结面受到空乏区内部电场的影响而移动，因而产生电荷的分极化，衍生一个新的电场，因此影响到因掺杂物扩散所产生的内部电位之大小。这样的损失称为电压因子损失。

（4）提高转换效率的方法

① 减少光线自半导体材料表面的反射 如果太阳电池的表面没有经过特别处理，将会有 30% 以上的光线自表面反射而损失掉。如果要减少光线的反射而增加太阳电池的效率，目前的做法包括：

a. 在太阳电池表面加上一层抗反射膜，一般常用的抗反射层为氧化硅（SiO_2）、氮化硅（Si_3N_4）、氧化钛（TiO_2）等；

b. 将不透光的表面电极作成手指状或网状，这样的结构可以减少光线的反射，使大部分的入射光都能进入半导体材料中，如图 8-32 所示；

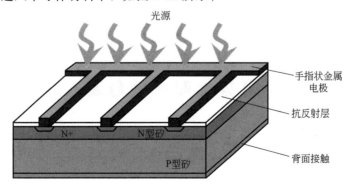

图 8-32 手指状金属电极

c.将太阳电池的表面制成凹凸不平的表面，即绒面，这样可以使得光线受到表面多重反射的作用，从而更有效率地进入半导体材料中，常用的做法是 V 形沟槽、金字塔型及逆金字塔型表面，如图 8-33 所示。

② 减少串联电阻 减少串联电阻，可以提高太阳电池的转换效率，在做法上着重金属电极构造之最佳化。例如可以将金属电极埋入基板中，以增加接触面积并减少串联电阻，如图 8-34 所示。

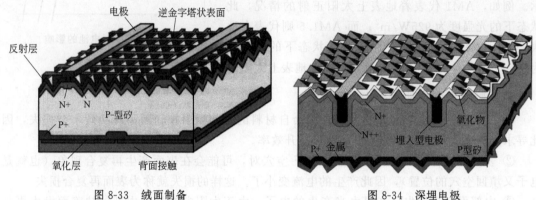

图 8-33 绒面制备   图 8-34 深埋电极

③ 增加入射光的面积 传统太阳电池的金属电极会影响到入射光接触半导体材料的面积，使用点接触式太阳电池，将正、负电极全部放在背面，这样可以增加太阳正面的入射光面积，如图 8-35 所示。

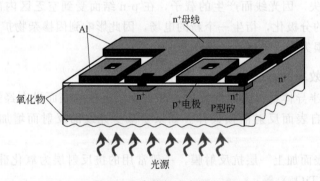

图 8-35 点接触式太阳电池

④ 减少表面发生再复合的概率 利用氢原子钝化、热氧化或退火处理，可将太阳电池做钝化处理，这样可以消除半导体材料表面的悬浮键，以减低载子在表面发生再结合的概率。

8.3 晶硅太阳电池包装入库

8.3.1 包装入库流程

（1）生产前准备
准备好包装所用的材料（瓦楞板、泡沫盒、POF 热收缩膜）、工具（热收缩机、封口机）。

(2) 包装流程

① 小包装

a.生产部包装人员事先折叠好一定量的小包装盒。折叠方法如图8-36所示。

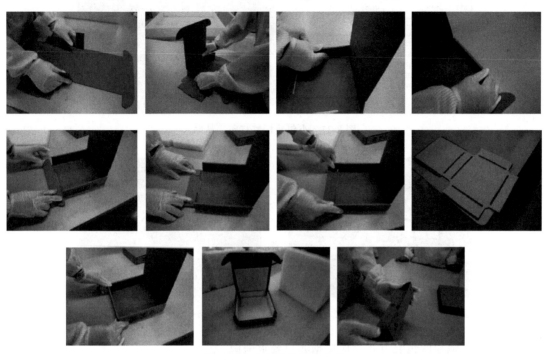

图8-36 小包装盒折叠方法

b.外观检验人员从测试分选工作台取电池片进行检验。不同批次分开检验。当同批次同特性的成品电池片满100片时，将电池片上下各放一片瓦楞板垫片（瓦楞板的条纹与电池细栅线平行）放置于包装台泡沫盒内，在靠近正电极一侧的垫板上贴一小标签，注明电池片挡位、等级、膜色、数量、线别等信息，并将标有以上信息的另一小标签贴在瓦楞板左上方。操作过程要轻拿轻放，并在《包装入库送检单》做好记录。

c.交班前外观检验人员对同批次同特性电池片不足100片的作为结存，交接给下班人员。注意准确统计数量、挡位等相关数据。

d.当泡沫盒内的电池片满一定数量时，再次核对《包装入库送检单》是否与实物一致，确认后，连同《包装入库送检单》送至OQC，根据抽检比例进行抽检。

e.OQC根据抽检比例对泡沫盒内的电池片进行抽检，对外观、数量、挡位等信息进行判定，不合格退至生产线，重新检验、包装。

f.生产包装人员对检验合格的电池片进行包装，将100片电池片放入内包装盒。

g.标签打印人员根据《包装入库送检单》内信息，根据瓦楞板上小标签信息，打印内标签，将标签贴于小包装盒开口处，如图8-37所示。贴标签过程中注意轻拿轻放，不可堆积，防止电池片缺角、碎片。

h.OQC对打印标签和小瓦楞板上的小标签进行核对，无误后由包装人员进行封装。封装完成后放入EPE包装盒内，如图8-38所示。

i.标签扫描录入SAP系统，如图8-39所示。完成后把电池片连同EPE盒一起放置小推车内，等待入库。

 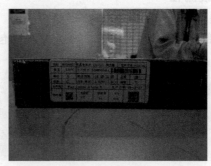

图 8-37　小包装标签打印、粘贴

图 8-38　封装后将电池片放入 EPE 盒　　　图 8-39　扫描标签

j. OEM 电池片的包装方式，应根据客户要求来做。

② 入库

a. 当小推车内的电池片满一定数量，且经品质部 OQC 确认后（或本批次生产结束），生产部包装人员需将成品电池片入库，入库时与物流部接收人员共同确认。

b. 物流部接收人员扫描小包装标签条码，对成品电池片进行划拨入库，并开具成品入库单。然后再根据标签条码信息，对小包装电池片放于相应的 BIN 位的 EPE 包装槽内。操作过程中轻拿轻放，不可堆码，防止电池片缺角、碎片。

③ 外箱包装

a. 物流部从生产部接收成品电池片，当相应 BIN 位满 1200 或 600 片（两个规格），标签打印系统会提醒操作人员进行外箱包装。EPE 盒每槽插 6 个小包（100 片/包），小包装的朝向要一致，标签纸一面一律向上。打印相应的成品电池片出货单，并再次核对。无误后，将 EPE 盒放入纸箱内，再盖上 EPE 盖板，包装纸箱；同时入库单放入到外箱内，并在纸箱的侧面沿信息栏上方贴上相应外标签，如图 8-40 所示。

图 8-40　外箱标签粘贴

b. OEM 电池片的包装应根据客户要求来做。

（3）标签图示

参阅图 8-41。

物料	60000001 多晶电池片156P220 三主栅		生产订单 10000049		
数量	50PC	生产批次 BS12345678			
等级	A	档位效率	16.40-16.60	主栅	3B
膜色	A	功率(电流)	9.87W(>7.69)	细栅	88
生产线	一车间-1线		生产日期	10-09-13	
特性值		包装员 A-HYZ	检验员 CHBCKER	BIN 2B11	

物料描述	
效率档位	
档位功率	
品质等级	
膜色	
硅片厚度	
包装员	
产品型号	G100608A
箱号	G100608A
数量	123456

图 8-41　小包标签图（左）和外箱标签（右）

8.3.2　返工作业流程

（1）重测重包工单作业

① 重测重包工单下达　销售等相关部门提出重测重包需求，经品质管理部确认，由物流部 PMC 下达工单，以与正常工单相同的形式通知相关部门。如果需要重测重包的电池片同时包含两栅和三栅电池片，物流部 PMC 应该分开下达工单。重测重包工单应该说明重测重包工单的紧急度，生产人员应根据紧急度高低决定生产的优先顺序。重测重包工单应该说明生产步骤，例如重测重包工单需要重新测试包装还是重新包装。

② 领料　生产部根据重测重包工单后到仓库领料，核对领料数量、挡位、等级、主栅数目等信息，填写领退料申请，领料人员与仓库人员双方签字确认。

③ 工单生产

a. 生产人员根据重测重包工单的紧急度，决定重测重包工单与正常生产工单的生产先后顺序。对于紧急度高的重测重包工单，生产人员应该优先生产。

b. 生产人员做好生产跟踪记录，依照正常生产流程进行生产。需要重新测试的工单尽量集中在同一条生产线上进行，并清走测试机上其他工单的电池片，避免与之混淆；工艺人员加载相应的分挡标准；生产人员参照《测试分选作业指导书》《电池片外观检验作业指导书》以及《电池片包装入库作业指导书》操作。注意进行外观分选时，要确保重测重包工单的电池片单独检查，单独存放，不能与其他工单产品混淆。品管人员对工单电池片进行检查。检查合格后，生产人员进行包装入库。

c. 只需要重新包装的工单，直接拿到包装工作台，按要求重新包装入库。

d. 所有重测重包工单，不同特性值的电池片不能混包。

④ 重测重包工单流程参照《电池片重测流程》。

（2）C 级片重测重包作业

① C 级片重测重包工单的下达　供应链管理部根据 C 级片库存量定期下达 C 级片重测重包工单，或者销售部根据销售需求，向供应链管理部提出 C 级片重测重包需求，由供应链管理部下达 C 级片重测重包工单。两栅与三栅的 C 级片要分开工单，根据栅线数目注明工单执行的生产线。

② 工艺部丝网印刷人员，根据销售部意见调整电性能测试分挡标准。如无特别要求，分挡标准要求如下：根据效率分挡，不区分工作电流。IT 部根据电性能测试分挡标准，调整标签打印信息。

③ 生产部人员接到 C 级片重测重包工单到仓库领料，核对数量、主栅数目等信息，填写领退料单，领料人员与仓库人员双方签字确认。

④ 生产部人员领料到线上生产，根据工单选择生产线。生产人员载入正确的测试分挡标准到测试机上开始生产。测试机 BIN 位满 100 片后，拿起检查有无碎片、裂片，如有碎片、裂片，应更换相应挡位的完整电池片；确保无碎片后，不需外观检验，将 100 片电池片放入小包装盒，按《电池片包装入库作业指导书》进行包装。打标签时注意选取正确的标签信息。

⑤ 品质岗位在线对包装入库的 C 级重测片进行抽检，检查有无碎裂片和标签。

⑥ 所有重测重包工单，不同特征值的电池片不能混包。

思考题

1. 晶硅太阳电池的电性能参数包括哪些？
2. 测试分选监控的标准是什么？
3. 包装入库的流程是什么？

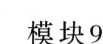

模块9

高效晶硅太阳电池

知识目标

① 了解晶硅太阳电池效率损失的机制。

② 了解 PERC 高效晶硅太阳电池的结构和性能特点。

9.1 晶硅太阳电池转换效率的发展

提高太阳电池的转换效率是太阳光电产业最重要的课题之一。一般而言，太阳电池效率每提升 1%，成本可下降 7%，其对于降低成本的效果相当显著。而太阳电池转换效率受到光吸收、载流子输运、载流子收集等因素的限制，存在一个效率的极限值。

假设能够最大程度地优化太阳电池的光利用结构，实现光照的可逆转性，那么太阳电池的转换效率能够达到 87% 的极限值。其中，基于叠层结构的 Tandem 电池技术进展较大，并且已经被人们所普遍接受：将太阳光谱划分成窄的光谱带，换算为电池实现光电转换所需的带隙宽度，并采用材料制备技术实现薄膜层的制备，由此提高太阳电池的转换效率。

对于单结晶体硅太阳电池，其转换效率的理论最高值是 29.43%。只有通过理解并尽量减少各种因素导致的效率损失，才能开发出效率足够高的晶硅太阳电池。

(1) 晶硅太阳电池转换效率不断提高

从 1839 法国科学家 E. Becquerel 发现液体的光生伏特效应（简称光伏现象）算起，太阳电池已经经过了 160 多年漫长的发展历史。从总的发展来看，基础研究和技术进步都起到了积极推进的作用。对太阳电池的普及应用起到决定性作用的，是美国贝尔实验室三位科学家关于硅太阳电池的研制成功。此后，太阳电池的应用从航天、军用，逐渐转向地面和民用。1972 年，法国人在尼日尔一乡村学校安装了一个硫化镉光伏系统，用于教育电视供电，标志着太阳电池民用化的开始。次年，美国特拉华大学建成世界第一个光伏住宅；1974 年，日本推出了光伏发电的"阳光计划"。我国太阳电池产业初步形成是在 20 世纪 80 年代后期，当时我国太阳电池生产能力为 4.5MW/年。从 2007 年起，我国太阳电池产能和出货量均跃居世界第一位。2016年我国太阳电池产量达到75GW，年增长16.6%，新增光伏装机量31GW，继续领跑全球光伏市场。

　　为了进一步降低光伏发电的度电成本，提高太阳电池产品的转换效率成为光伏行业持续发展的最重要课题之一。从20世纪70年代至今，在学术界和产业界的共同推动下，太阳电池转换效率不断刷新原有记录（图9-1）。其中，实验室转换效率超过25%的高效晶体硅太阳电池如表9-1所示。

表9-1　实验室转换效率超过25%的高效晶硅太阳电池

类型	研究机构	电池结构	材料	电池面积 /cm²	开路电压 V_{oc}/mV	短路电流 J_{sc}/(mA/cm²)	填充因子 FF/%	效率 E_{ff}/%
1	UNSW	PERL	p-Si	4	706	42.7	82.7	25.0
2	SunPower	IBC	n-Si	120.94	726	41.5	82.8	25.0
3-1	松下	HIBC	n-Si	143.7	740	41.8	82.7	25.6
3-2	夏普	HIBC	n-Si	3.72	736	41.7	81.9	25.1

　　注：PERL——Passivated Emitter Rear Locally-diffused。

　　　　IBC——Interdigitated Back Contact。

　　我国高效晶硅太阳电池的实验室研究，也取得了瞩目的研究成果：

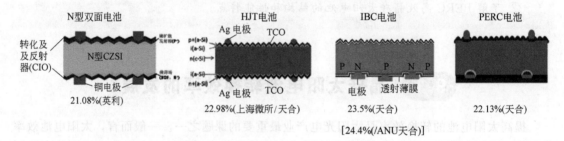

N型双面电池　　　　　HJT电池　　　　　IBC电池　　　　　PERC电池

21.08%(英利)　　22.98%(上海微所/天合)　　23.5%(天合)　　22.13%(天合)

[24.4%(/ANU天合)]

（2）我国高效晶硅太阳电池产业化发展

　　到2017年，我国太阳电池行业中，常规P型单晶硅太阳电池转换效率达到20.1%左右，常规P型多晶硅太阳电池转换效率达到18.7%左右。高效晶硅太阳电池量产化产品的转换效率，PERC电池达到单晶21.3%左右，多晶19.4%左右；HJT和IBC电池达到22%～24%左右。PERC结构高效晶硅太阳电池的发展尤为迅猛，2012年初到2014年底，PERC电池的产量从零达到2.3GW，占2014年总市场份额（42GW）的4.3%。

　　我国高效晶硅太阳电池产业化进展见图9-2。

（3）晶硅太阳电池效率损失机制

　　目前，单晶硅电池可将18%～25%的入射光线转换为电流。在实验室最佳的条件下，制作的电池效率已经达到26.33%（kaneka，HIBC）。从理论预测，最大的转换效率达到29%，甚至更高也是可能的。

　　目前太阳光中只有很少的百分比被转换为电能，简单来说，晶硅太阳电池光电转换效率之所以这样差，原因是晶硅电池不能将全部的太阳光转换为电流。太阳光包含电磁波中的一个很宽的光谱范围，即从红外线经过各种颜色的可见光直到紫外线，大体分为：紫外7%，可见光43%，红外45%。根据太阳光谱光电转换效率的需要，一般太阳电池最常用的材料带隙在1～2eV之间，而在1.5eV左右可获得最高的光电转化效率。图9-3为太阳光辐射的能量图。

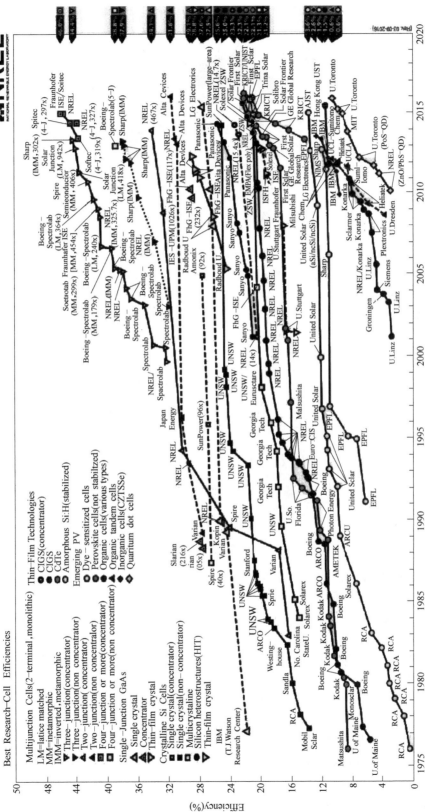

图 9-1　NREL 太阳电池效率表

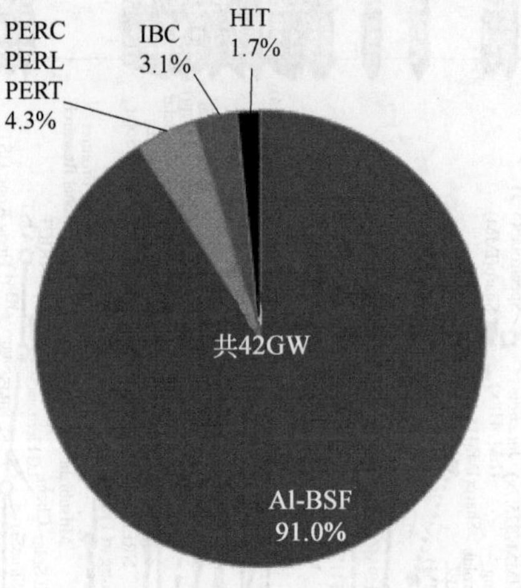

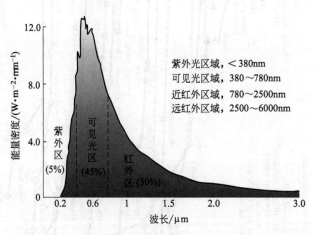

图 9-2　我国高效晶硅太阳电池产业化进展

图 9-3　太阳光辐射的能量图

　　但是，硅材料是间接带隙材料，其带隙的宽度 1.12eV 与 1.5eV 有较大的差值，而晶硅太阳电池光谱吸收的最大值没有与太阳辐射强度的最大值重叠。

　　对于晶硅电池来说，为了产生电子-空穴对形成电流，波长小于 1.2μm 的光，也就是近红外线和可见光，才具有足够的能量，使得电子能够完成带隙跃迁。太阳光谱中波长大于 1.2μm 的长波部分，不能够产生电子-空穴对，而是转变为热量。太阳辐射中有 24% 的长波光能不能被利用。

　　如光线的能量足以产生电子-空穴对，那么此时光能的大小就不起作用了，即不管是红光还是蓝光，在光能临界值之上一个光量子只产生一个电子-空穴对，剩余的能量又被转换为未利用的热量。如此太阳辐射中有 30% 的短波部分光能没有被利用。

　　图 9-4 为标准太阳电池能量损失过程。

　　此外，还存在其他的主要是制作过程带来的能量损失：

　　① 在 p-n 结附近产生的电子-空穴对，由于相互迅速复合而损失一部分电流；

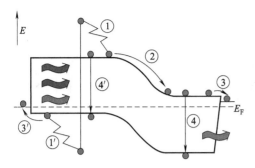

图 9-4   标准太阳电池能量损失过程
①晶格热振动损失；②③p-n 结和
接触电压损失；④复合损失

② 晶体中的杂质和晶体结构中的缺陷会形成复合中心，导致一定百分比的电子-空穴对可以复合，从而造成电流损失（解决方法，可以使用高纯的硅材料，但必须支付高昂的材料成本，在产业化生产时要考虑材料的成本和转换效率之间的平衡关系），正是由于晶界缺陷的存在，致使多晶硅电池的转换效率低于单晶硅电池；

③ 由于硅表面对入射光有反射，使得一部分光线不能进入电池中（通过减反膜或表面织构化的措施，可减少很多反射损失，采用特殊的措施，甚至可降低到 1％以下）；

④ 太阳电池的温度也对效率有一定的影响，随温度升高，在 p-n 结附近的活性层的厚度减少，这将使电池电压和转换效率明显下降，因此，硅电池的效率在寒冷的阳光明媚的冬季高于炎热的夏季（与太阳能集热器相反）。

晶硅太阳电池在能量转换时的损失，主要是电学损失和光学损失。其损失来源可总结为如下方面：遮挡损失（前电极）、反射损失（表面）、**载流子损失**（复合）和欧姆损失（电极，晶体）。

9.2 PERC 高效晶硅太阳电池技术

提高晶硅太阳电池转换效率、降低成本是光伏行业一直追求的目标，主流的高效晶硅太阳电池技术，包括 PERC 电池、IBC 电池、异质结（HJT）电池、MWT 电池、N 型双面电池、黑硅电池等。

其中 PERC 电池具有工艺简单、成本较低且与现有电池生产线相容性高的优点，现已被广泛应用于晶硅电池，并且有望替代常规电池，成为主流高效电池技术。了解和掌握 PERC 电池的结构、性能特点和制造技术，适应快速发展的产业技术升级，对提升专业和职业能力十分必要。

N 型单晶电池转换效率可超过 22％，包括 IBC 电池、HJT 电池、N-PERT 电池等，具有少子寿命高、无光致衰减、弱光效应好、温度系数小等一系列优势。目前已有多家厂商布局 N 型电池，以提高未来高效产品市场的竞争力。

（1）PERC 高效晶硅太阳电池结构和性能特点

PERC 电池（钝化发射区背面电池，Passivated emitter rear contact solar cells）通过在晶硅太阳电池背面增加绝缘钝化层、在电池正面采用选择性发射极结构，提升了电池的转换效率。以往标准晶硅太阳电池结构中，光电子在电池背面的复合、正面电极欧姆接触的影响，限制了电池效率的进一步提升。而 PERC 电池通过背面钝化的技术手段，将 p-n 结间的电势差最大化，从而使电流更加稳定，降低了载流子在电池背表面附近的复合；在电池正面采用选择性发射极结构，将正面电极与 p-n 结的接触电阻尽可能减小，从而有效提升电池转换效率。

常州天合光能有限公司开发的 i-PERC 量产化高效晶硅太阳电池结构及性能见图 9-5～图 9-7。

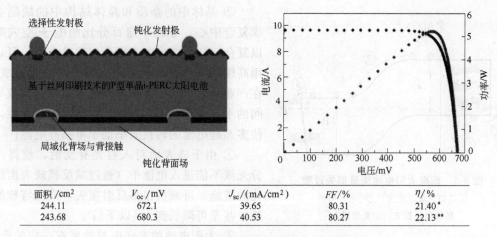

图 9-5　i-PERC 高效晶硅太阳电池的结构与性能（1）
（P 型单晶硅衬底，156mm 尺寸）

面积 /cm²	V_{oc} /mV	J_{sc} /(mA/cm²)	FF/%	η /%
244.11	672.1	39.65	80.31	21.40 *
243.68	680.3	40.53	80.27	22.13 **

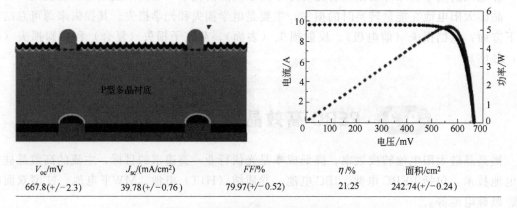

V_{oc}/mV	J_{sc}/(mA/cm²)	FF/%	η /%	面积/cm²
667.8(+/-2.3)	39.78(+/-0.76)	79.97(+/-0.52)	21.25	242.74(+/-0.24)

图 9-6　i-PERC 量产化高效晶硅太阳电池结构及性能（2）
（P 型多晶硅衬底，156mm 尺寸）

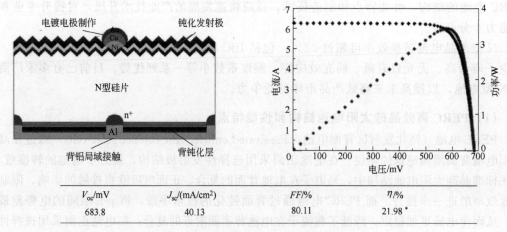

V_{oc}/mV	J_{sc}/(mA/cm²)	FF/%	η/%
683.8	40.13	80.11	21.98 *

图 9-7　i-PERC 量产化高效晶硅太阳电池结构及性能（3）
（N 型单晶硅衬底，156mm 尺寸）

（2）PERC 高效晶硅太阳电池产业化技术

关于 PERC 高效晶硅太阳电池工艺路线可以分为两种。一种是在实验室中使用的所谓强化版路线，相比以往的标准电池技术，多了背面抛光、表面热氧化、背面的介质层生长、背面的接触区域层图形化等步骤。在大规模生产中，考虑到成本因素，采用简化版工艺路线居多。另一种热氧化法，是利用 SiO_2 薄层进行表面钝化的最佳方法，其余的 SiO_2 生长方案效果都不理想。

PERC 电池规模化生产中，设备供应商都提供了工艺设计方案。设备选型，一方面是选择设备成熟度，另外一方面就是工艺成熟度。

PERC 电池的核心，就是背面的钝化层（介质层）。钝化层的种类主要是 SiO_2、AlO_x。SiO_2 的缺点在于其抗腐蚀性很差，只能用热氧化法生长，成本难以下降。目前，AlO_x 的应用较为广泛。

AlO_x 薄层的生长方案主要有 PECVD、PVD、LPECVD、ALD 等。研究人员曾将市场上所有的 AlO_x 生长技术方案进行了对比分析，用不同的成膜工艺制作了寿命样片，通过对比寿命样片的少子寿命来分析各种成膜技术的潜力。最终发现，ALD 技术的少子寿命指标明显优于其他技术方案，排名第二位的是 PECVD 技术。

ALD 是一种原子层沉积技术，最大的优势是成膜效果均匀稳定。针对硅表面高低起伏台阶，ALD 技术可以在各个位置都保持均匀的成膜厚度和质量。

PECVD 氧化铝成膜技术，优势在于集成度很好，无论是新的设备还是改造旧设备，都可以把氧化铝与背面的氮化硅层合二为一，一次工艺路线全部成型。PECVD 生长 AlO_x 技术的缺点是，其化学品 TMA 的耗量相当高，只不过目前 TMA 已实现国产化，成本还在可接受的范围之内。另外，就是 PECVD 的粉尘，机器腔体较大，会有 AlO_x 粉末充斥在腔体里，很难清洁。

（3）适合未来产业发展的电池结构

能够满足光伏行业需求的结构，才能适应未来的发展。光伏行业的根本需求是快速提高电池转换效率，同时降低制造成本，缩小光电与传统电能的差距，实现平价上网。

制造业的成本下降，除了技术工艺本身优势之外，就是要依靠生产制造的规模效应，实现成本降低。假设有一种技术，可以大幅提升电池效率，但是与现有规模化生产技术不兼容，要求将现有生产线全部推翻，那么这种技术是否适合光伏行业？考虑到原有生产设备的购置成本，以及使用全新设备的风险，老的太阳电池制造厂不敢贸然使用，只有新兴工厂才敢尝试，但新兴工厂又要面对产能规模小无法快速形成规模效应的难题。因此，对于光伏行业现状来说，使用尽可能与现有生产设备兼容的技术路线，更容易实现新技术的顺利过渡。

因此，能够兼容现有生产线，能够大幅提高效率，能够快速工业化复制，实现大规模生产的技术，才是适合现阶段形势的。PERC 之所以受欢迎，就是因为它不用推翻现有生产线，就能够大幅提升效率。

思考题

1. 简述成本和转换效率对晶硅太阳电池产业技术发展的重要作用。
2. PERC 高效晶硅太阳电池结构和性能特点。

参考文献 ▼

晶体硅太阳电池生产工艺
JINGTIGUI TAIYANG DIANCHI SHENGCHAN GONGYI

[1] 杨旸，郑军.光伏电池制造工艺及应用 [M].北京:高等教育出版社，2011.

[2] 杨德仁.太阳电池材料 [M].北京:化学工业出版社，2006.

[3] 安其霖.太阳电池原理与工艺 [M].上海:上海科学技术出版社，1984.

[4] 沈辉，曾祖勤.太阳能光伏发电技术 [M].北京:化学工业出版社，2009.

[5] Martin A. Green.太阳能电池:工作原理、技术和系统应用 [M].狄大卫等译.上海:上海交通大学出版社，2010.

[6] Tom Markvart, Luis Castaner.太阳电池:材料、制备工艺及检测 [M].梁骏吾等译.北京:机械工业出版社，2009.

[7] Martin A. Green.硅太阳能电池:高级原理与实践 [M].狄大卫等译.上海:上海交通大学出版社，2011.

[8] 日本产业技术综合研究所，日本太阳光发电研究中心.太阳电池 [M].刘正新，沈辉译.北京:化学工业出版社， 2010.

[9] 靳瑞敏.太阳能电池原理与应用 [M].北京:北京大学出版社， 2011.